# ゲームで大学数学入門

安田健彦 著

スプラウトからオイラー・ゲッターまで

共立出版

# はじめに

最近，巷では数学がちょっとしたブームになっているらしい．実際，一般の（研究者でない）読者向けの数学解説本もよく本屋で見かける．本屋やカフェでの数学イベントも開催されるようになってきたようだし，数学者を主人公にしたドラマや映画も最近よく目にする．数学を生業としている筆者としてはうれしい限りだ．一方で，数学は昔から嫌われやすい科目でもある．中には数学が苦手すぎてトラウマになる人もいるし，2次方程式なんか解けなくても生活に全く困らないと開き直る（？）人もいる．

さて，本書のテーマは，ゲームという切り口から大学の数学科で勉強する数学（の一部）を覗いてもらうことだ．読者として，数学に興味を持っている中高生，大学生，社会人を念頭に置いた．学校で習ったのと一味違う数学に触れたり，数学のアイデアがゲームの中で思いがけない使われ方をしているのを見たりして楽しんでほしい．また，大学や大学院で数学を専攻している学生達には本書で扱う数学はよく知っているかもしれないが，普段勉強している抽象的な理論がゲームの中で具現化される様子を見てもらうのも意義のあることだと思う．数学を毛嫌いしている人，数学の何が面白いのかわからないという人にも，ゲームという身近な題材を通して数学を見ることで，少しでも多くの人に数学の面白さが伝われば，この上ない喜びである．

紹介するゲームはボードゲーム，カードゲーム，パズルゲームなどのローテク・ゲームが中心で，高度なコンピュータ・グラフィックスを使うのは，第7章で少しだけ紹介するトーラス・ゲームズに収録されている3次元のゲームぐらいだ．一番古いのは1940年代に登場したHexで，2009年のドブルや2010年のオイラー・ゲッターのように比較的最近のものもある．もちろん，本書で紹介していないが数学と関連するゲームでたくさんある．筆者の好みと本書全体の構成を考えて，ゲームを選んだ．

本書を書き始めたのは，筆者が考案したオイラー・ゲッターというゲームについて本を書くことを共立出版の大越隆道さんから提案していただいたのがきっかけだった．このゲームは幾何学，とくにトポロジー（位相幾何学）のアイデアをいくつか取り入れている．当初はこのゲームの背後にある数学を一つひとつ説明するつもりで書き始めたのだが，どうにもトポロジーのよくある入門書のようになってしまい，書き進めるにつれて「つまらない」と感じるようになっていった．すでにあるトポロジーの素晴らしい入門書のリストに，トポロジーの専門家ではない筆者（専門は代数幾何）が凡作を一つ加えることにどんな意味があるだろう．そこで方針を変更して，数学と関連する複数のゲームを用いて，少しずつ数学を紹介することにした．探してみると，数学と関連するゲームはたくさんあるようだ．例えば，本書でも紹介するドブル（第5章）は，数学との関連を知らずに，息子と遊ぶために持っていたのだが，驚くことにオイラー・ゲッターに必要な射影平面と関係していた！　基本的に一つのゲームにつき，一つの数学のコンセプトを紹介するようにした．最終的にオイラー・ゲッターに必要な数学を説明することを目標にしたが，成り行きで，寄り道をしてオイラー・ゲッターとは関係のない有限体や線形代数も含めることになった．結果的に内容に幅が出て，既存のものとは一味違う大学数学への入門書になったのではないかと思う．読者はオイラー・ゲッターを意識せずに，それぞれの章を楽しんでもらえればよいが，内容が完全に独立しているわけではない．なるべく，前から順番に読んでいただくことをお勧めする．

本書で紹介する数学のコンセプトを以下に挙げる．

- トポロジー
- 体（たい）（特に，有限体）
- 4次元以上の空間
- 線形代数（特に，連立1次方程式の解法）
- 射影平面
- オイラー数
- 多様体
- 測度

これは広大な数学のほんの一片に過ぎないが，高校までの正規の授業では扱わないものばかりだ．数学の奥の深さを感じてもらい，興味を持った読者は本書をきっかけにさらに奥深くへと歩を進めてほしい．

各章の終わりに「コラム」として，ゲームとは関係しないが，数学界での最近の大きなニュースだったり，研究の実態だったり，本書を書いていて頭に浮かんだことを，とりとめもなく書いた．これで気分転換するついでに，大学数学や数学研究を少しでも身近に感じてもらいたい．

本書があまり教科書的なスタイルにならないよう心掛けた．流れを重視して，厳密性を犠牲にした部分もあるし，重要だが省略した題材も多い．各トピックの詳細は，それぞれの分野の教科書を見ていただきたい．巻末に参考文献を挙げる．

では，ゲームと数学をめぐる旅に出発！

2018 年 8 月

安田健彦

# 目次

第1章

# スプラウト

## いいかげんな幾何学

### a. 紙とペン

数学は紙とペンがあればできると言われる．今日の数学者は，これにインターネットにつながったパソコンも加える必要がありそうだ（論文の執筆やダウンロード，研究に関する連絡などなどに使う）．しかし，数学は比較的軽装備で勝負できる分野だということは言えるだろう．直径が何キロもある粒子加速器，部屋を埋め尽くすような電子顕微鏡，特別な生物の購入・飼育，へき地に赴いてのフィールドワークなどは必要ない．

本書で最初に紹介するゲームも紙とペン（と一人の友達）があればすぐに始められる．その名は「スプラウト」，英語で「芽」や「新芽」という意味である．1枚の紙に線と点を描いていくのだが，ゲームが進みにつれて芽が膨らんでいくように見えることに由来する．実際にやってみると，芽に見えるものから，まったくそうでないものまで，やるたびに異なるいろいろな形が出現して目を

当時5歳の息子とお絵描き帳の上でしたスプラウトのゲーム

楽しませてくれる．簡単なルールなので，小さな子供でもすぐにできるようになる．

スプラウトは1960年代に二人の英国人ジョン・コンウェイとマイク・ペーターソンにより考案された．コンウェイは著名な数学者で，ライフゲームの考案者としても有名だ．ライフゲームは生物の進化や淘汰を簡単にモデル化したもので，単純なルールによって図を変化させていくと，まるで生き物のように図が変化して面白いパターンをみせてくれる．本書ではライフゲームについてこれ以上触れないが，インターネットで簡単に見つかるので，まだ見たことがない人は一度見ることをお勧めする．

## b. ルール

ゲームのルールを説明しよう．スプラウトは二人で行う対戦ゲームだ．紙に2個以上の点を，好きな場所に描いた状態からスタートする．これらの点や，ゲーム途中で書き足す点を「スポット」と呼ぶ．初めてやるときは2，3個のスポットからスタートして，慣れてきたら少しずつ増やして行きゲームを複雑にしていくのがよいだろう．

先手と後手が交互に「線を1本描いて，その線の上にスポットを一つ描く」ことを繰り返す．線はまっすぐである必要はなく，グネグネに曲がっていてもよい．ただし，以下の条件に従う必要がある．

1. 線の両端はそれまでに描かれたスポットでなければならない．（つまり，スポットから出発し，スポットで終わる．線の両端は違うスポットでも同じスポットでもよい．同じスポットの場合は，線はループ（輪っか）になる．）
2. 線は，両端以外ではそれまでに描かれた線やスポットに触れてはいけない．自分自身と交わってもいけない．
3. 一つのスポットから出ていく線は3本まででなければならない．（ここで，本数は点のすぐ近くだけを見たときに，見える線の本数とする．たとえば，何も線がくっついていないスポットからループを一つ描いたとき，スポットから線が2本出ていると数える．また，描いた線の途中に書き加えるスポットは最初から2本線が出ていることになる．）

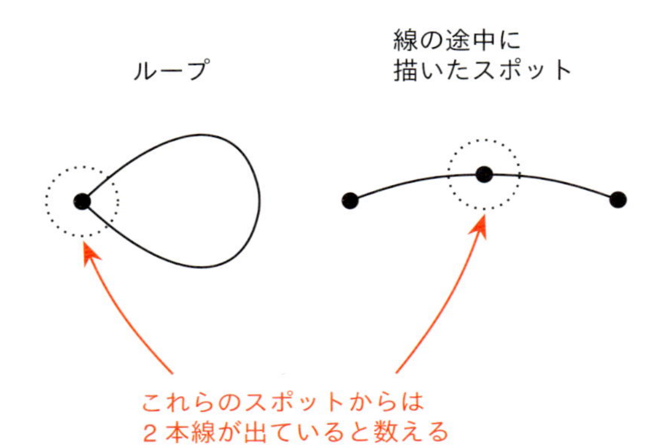


そして，その線の途中（両端以外）のどこかにスポットを一つ描く．もし，自分の番で1本も条件を満たす線を引けなければ，そのプレイヤーの負けとなる．（逆に，線を引けなくなったプレイヤーの勝ちとするルールもあり，ミゼール・バージョン（Misère Version）と呼ばれる．）

実際のゲームの開始から終了までの様子を見てみよう．

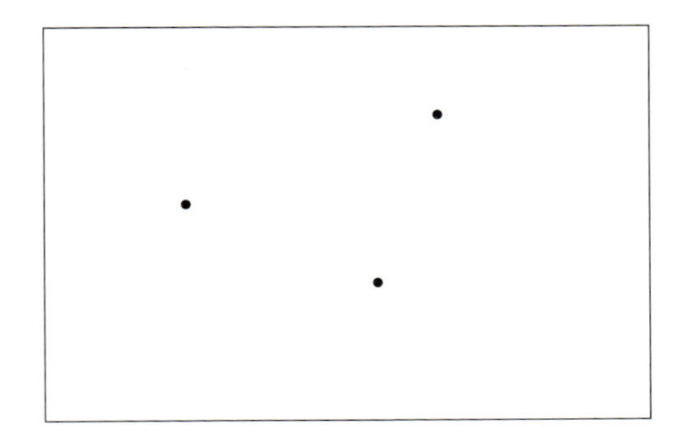

まず，紙に複数のスポットを描いた状態からスタートする．ここでは3つのスポットから始めることにする．

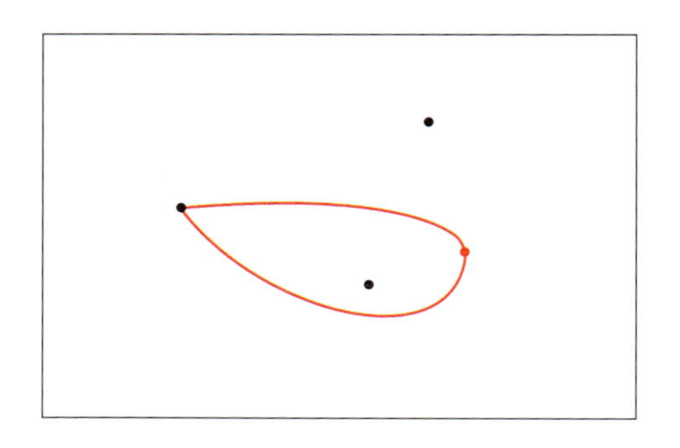

先手は左のスポットからスタートし，もう一つのスポットを囲むループを描いた．そして，ループのどこかにスポットを一つ描く．

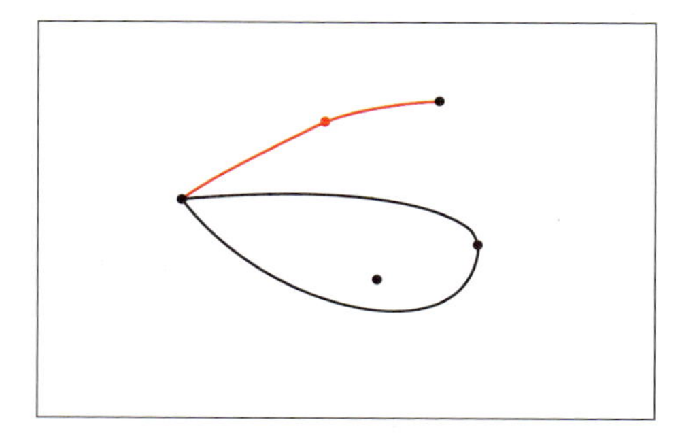

後手は左のスポットと右上のスポットを結ぶように線を描いた．線の途中のどこかにスポットを描くことを忘れないようにしよう．これで，一番左のスポットからは3本線が飛び出している（うち2本は一つのループの両端）ので「死んだ」状態となり，このスポットはこれ以降使えない．

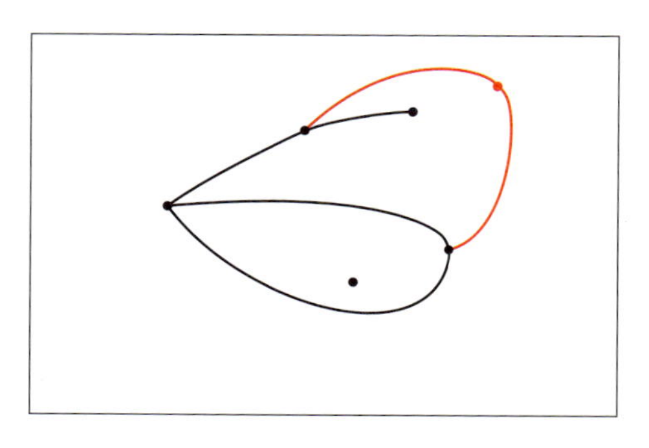

先手は右上に線を描いた．これで，右下のスポットも死んだ．

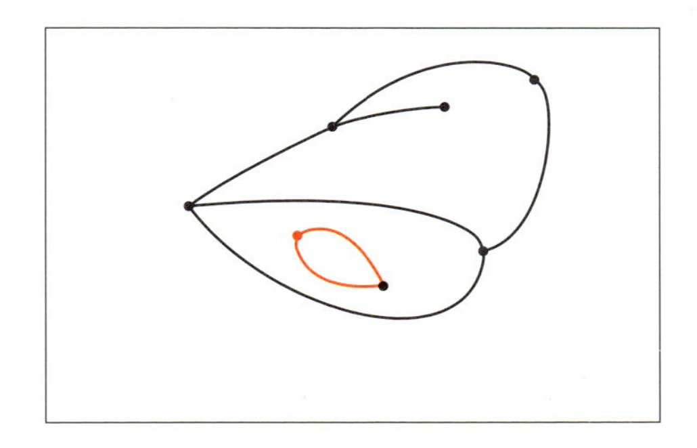

後手は，まだ使っていなかったスポットを利用した．このスポットからスタートする場合，線を交わらせることなく結べる左右の二つのスポットはすでに死んでいるので，ループを描くしか選択肢がない．

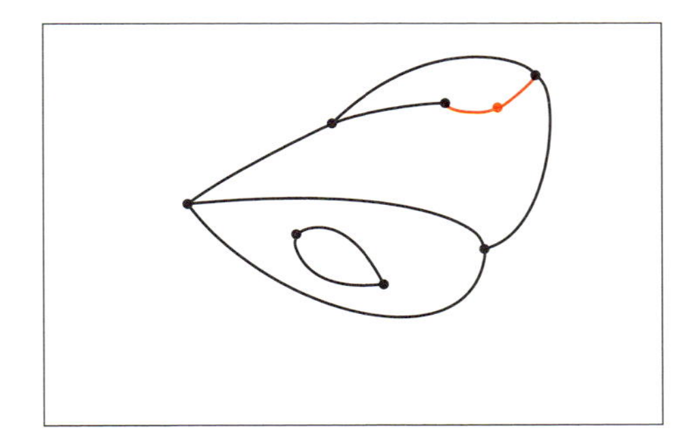

後手は右上に線を描いた．これで，右上のスポットが死亡する．

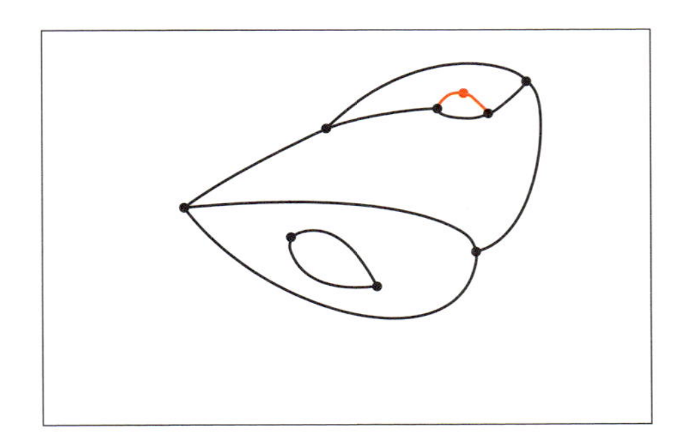

先手はその近くに線を描いた．その線の両端のスポットが死んだ．

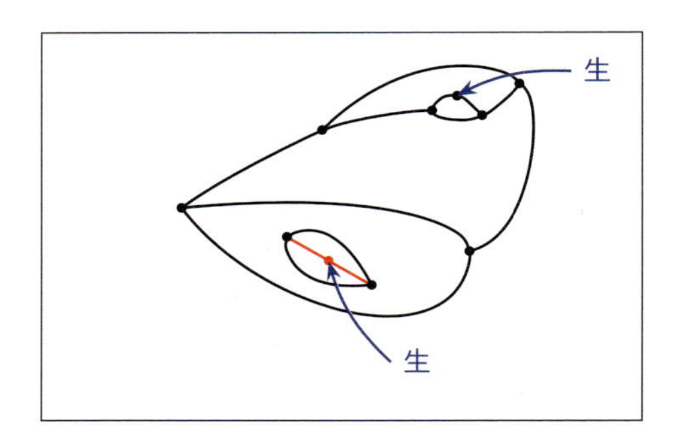


後手は下に生き残っていた二つのスポットを結んだ．この時点で生き残っているスポットは二つあり，それぞれにはすでに二つの線がくっついている．したがって，ループを描くことはできず，残された選択肢は，この二つのスポットを結ぶことである．しかし，それをしようとすると必ず他の線と交わってしまうのでアウトとなる．先手は条件を満たす線が一つも描けないので，ゲーム終了となる．先手の負け，後手の勝ちである．

## c. 死んでいく芽

チェスは引き分けの多いゲームだ．日本の将棋と違って，終盤に向かい駒が減っていくので，どちらにも相手のキングを捕まえる戦力がなくなることがよくある．そうなると，プレイヤーの合意の下で引き分けとなる．また，3×3のマスに○と×を交互に書いて縦横斜めのいずれか1列に並べた方が勝ちという「○×ゲーム（三目並べ）」もよく引き分けで終わる．それどころか，両プレイヤーがミスをしなければ常に引き分けになる．このように引き分けで終わる可能性のあるゲームと，必ず決着がつくゲームがあるが，スプラウトは後者だ．ゲームを進めていくと，いずれ線を1本も引けない状態に達して勝負が決する．実は，これは数学的に証明できる定理だ．スプラウト以外のゲームでも，必ず決着がつくことや，ゲームが成立することが数学により保証されているものがあり，本書でもそのようなゲームをいくつか紹介する．

**定理：スプラウトのゲームを $n$ 個のスポットから開始すると，高々 $3n-1$ 手でゲームが終了する．**

これを証明するために，いくつかの用語を用意する．3本の線が出ているスポットはもう利用することができないので「死者」，2本以下の線しか出ていないスポットを「生者」と呼ぶことにする．また，各スポットにあと何本の線をくっつけられるか，つまり，

$$3-(\text{そのスポットから出ている線の数})$$

をそのスポットのHP（ヒットポイント）と呼ぼう．HP=0のスポットが死者，HPが1以上のスポットが生者だ．ゲームの各時点において，すべてのスポットのHPの合計を，トータルHPと言うことにする．

$n$個のスポットからゲームを始めたとき，開始時点では各スポットのHPは3だから，トータルHPは$3n$となる．各手番で，線を引くことでトータルHPのうち2を消費し，新しく書き加えるスポットはHPを1持っている（書き加えられた時点で線が2本出ている）ので，差し引きでトータルHPは1だけ減る．$3n-1$手の後にはトータルHPは1になってしまう．線を引くには2以上のトータルHPが必要なのでゲームが終了する．証明終わり．

もちろん，トータルHPが2以上でも，線が交わってはいけないという制限により線が描けず，ゲームが終了することもある．

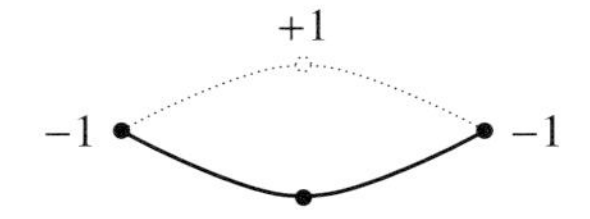


新しい線（点線）を1本書くとトータルHPは1減る．

この証明では，トータルHPという数に注目した．このトータルHPは現代の数学で非常に基本的かつ重要な「不変量」というものの例になっている．数学で調べたい対象（たとえば図形）に対して定まる数を不変量と呼ぶ．第8章に登場する「オイラー数」も図形の不変量の一種だ．トータルHPが減っていくという議論をしたが，「**不変量が減る**とは，これいかに？」と思われる方もいるだろう．オイラー数やトータルHPはトポロジカル不変量というものの一種であり，連続変形で不変ということになるのだが，このことを次のd節で説明する．不変量は，あらゆる数学の分野に登場する，なくてはならない概念であ

り，数学者はそれを，あるときは意識して，またあるときは無意識に駆使する．不変量とは考察対象の個人情報のようなものだ．今日，私たち一人一人には，身長，体重，電話番号，納税額，マイナンバーなどなど，さまざまな数値データが紐付けられている．野球選手だったら，打率，防御率，ホームラン数，盗塁数，エラー数など，成績が各種数字により表される．究極の個人情報とも言えるDNAの塩基配列もデジタルデータに変換できるので，数値と言うことができる．人間にしろ，数学の研究対象にしろ，通常は複雑すぎて，その全てを理解することはできない．そこで，一部の重要な情報だけを数値化して取り出すというのが不変量の考え方だ．

上の証明のポイントは，0以上の整数値をとる不変量が各ステップで必ず減るので，有限回のステップで終了するという議論である．これは何らかの操作が有限回で終わることを示すのによく使われる議論だ．世界中のあらゆるコンピュータの中で，日々我々の生活を支えるために動いているアルゴリズム（問題を処理するための，コンピュータに載せられるレベルに厳密に決められた計算手順）が有限回のステップで終わる（終わらないアルゴリズムではコンピュータがフリーズする！）ことを数学的に保証するのに同じ議論が使われることが多い．

## d. スプラウトはトポロジカル

スプラウトには通常のボードゲームにあるようなマス目がない．このことはゲームに自由な雰囲気を与える．マス目のあるゲームでは，マス目の中に駒を置く必要があり，マスを跨いだりしては，普通はいけない．一方，スプラウト

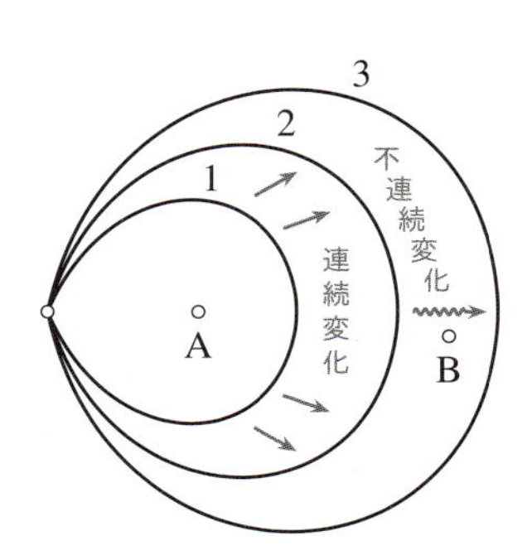

では，少々線がずれてもゲームには影響しない.

前ページ下の図は，三つのスポットから開始したスプラウトのゲームの，3通りの第1手を表している．1番と2番のループでは，ゲームに実質的な差は生じないが，3番では差が出てくる．実際，1，2番では後手がAとBのスポットを結ぶことができないが，3番ではできる．なぜ1番と2番が同じで3番が違うのか，これを説明する数学が「トポロジー」という幾何学の一分野だ．位相幾何学とも言うが，トポロジーは日本語としても（数学者や数学愛好家の間では）定着しているので，本書でもそれを用いることにする．この分野の萌芽は，有名な1735年のオイラーによる「ケーニヒスベルクの橋の問題」の解決にある．1800年代後半のリーマン，メビウス，クラインたちの曲面の研究を経て，ちょうど1900年ごろにポアンカレによりトポロジーの基礎が固められた．長い歴史を誇る数学の中で比較的新しい分野と言える．ちなみに，中学までに習う数学はおおむね古代ギリシャ時代までの数学，高校の数学は300年前までの数学である．このことは一般の人に「数学は全てわかっていて，新しい発見の余地などない死んだ学問」という印象を与えるようだ．実際の数学は逆で，発展のスピードが速すぎて困るぐらいである．ただ，他の理系分野では，新素粒子の発見，DNAの解析や万能細胞，カーボンナノチューブのような新素材など，最新の成果で一般の人にも紹介しやすいものがあるが，数学ではなかなかそのようなものが少なく，数学の活気ある現場を世間に伝えることができずに数学者はもどかしい思いをしている．本書がこの現状を多少なりとも改善する役に立てば，筆者としても喜ばしい限りだ．（2世紀分前進すればなかなかの成果では？）

トポロジーの基本は「連続的に変化させても本質は変わらない」という考え方だ．上図において1番の状態から2番の状態へは，ゲーム状態を変えずに連続的に線をずらしていき移行できる．しかし，そこから3番へ線をずらそうとすると一つのスポットを線が通り過ぎる必要がある．線がスポットを通り過ぎた瞬間にゲーム状態が突然変化する．つまり「不連続な変化」，「ゲーム状況のジャンプ」が起きる．

スプラウトでは線同士，スポット同士，線とスポットが接触する不連続変化を避けている限り，線やスポットを連続的にずらしていってもゲーム状態は変化しない．少しの変化を積み重ねて見た目がずいぶん変わっても，見えづらさから相手を惑わしたりミスを誘発したりする効果はあっても，十分に訓練を積んだプレイヤーにとっては「同じ」ゲーム状態のままなのだ．

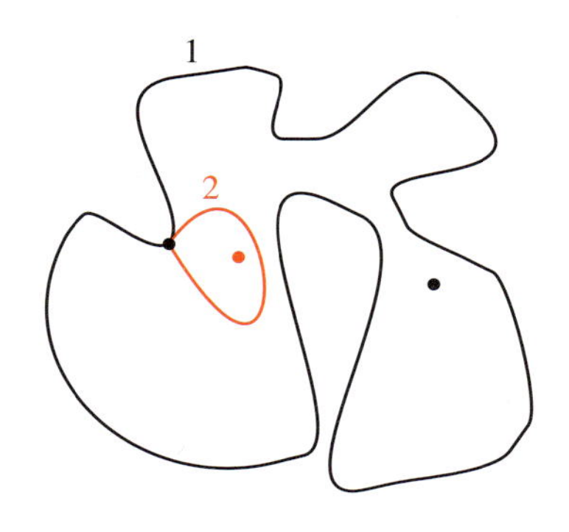


1と2は同じゲーム状態．

連続的な変化では本質は変わらないと書いたが，これはトポロジーという分野の説明としては少し語弊があって，もう少し正確には，連続的な変化で変わらない図形の性質を調べるのがトポロジーという分野であると言うべきだ．別の言い方をすると，連続的変形の前後の図形は「同じ」であると見なすのだ．トポロジスト（トポロジーの研究者）にかかれば，三角形と円は同じになる．「トポロジストはドーナツとコーヒーカップの見分けがつかない人」という冗談もある．

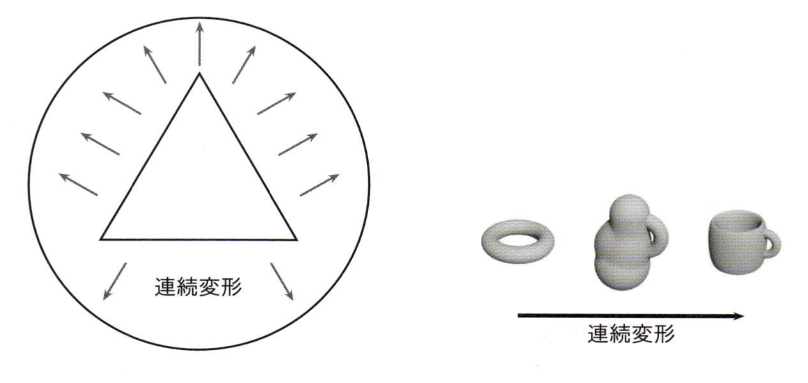


三角形と円は同じ．　　ドーナツとコーヒーカップは同じ．

スプラウトはスポットや線を連続的に動かしてもゲームが実質的に変化しないので，トポロジーの範疇に入る「トポロジカル・ゲーム」なのだ．上で登場したトータル HP はゲーム状態の連続変形で変化せず，その意味で**不変**量になっている．

## e. 路線図：日常のトポロジー

三角形の合同や相似，補助線を引いて角度を計算するなどの内容を，小中学校で習う平面図形で慣れ親しんだ読者の中には，トポロジーを非常に奇異なものと思う人もいるだろう．三角形と円が同じとは，それは果たして幾何学なのか，象牙の塔に住んでいる数学者の頭の中だけにあるのではないかと思うかもしれない．

実は高校までの数学で習わないだけで，私たちは日常で日々トポロジーを使っている．その一例が電車やバスの路線図だ．JR 山手線は輪になった路線で，路線図はしばしばきれいな円として描かれる．しかし，実際の線路が走っている場所を地図で確認すると，南北に細長く南端が少し尖っている動物の牙のような形となっている．数学に出てくる円からはほど遠い．それでも問題なく路

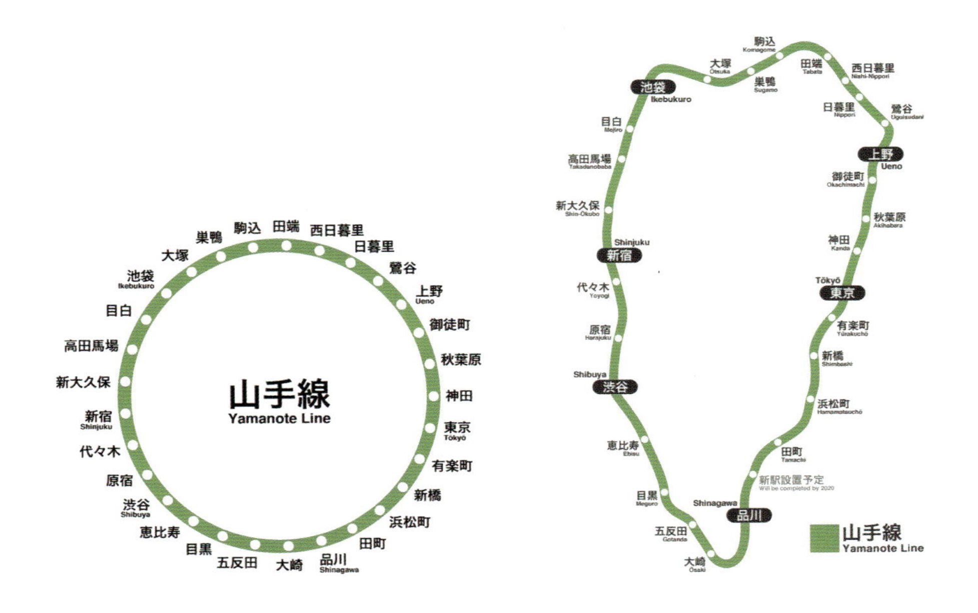

線図を見て目的地まで行くことができるのは，路線図と実際の路線がトポロジー的に同じだからだ．

もし路線図がトポロジー的に異なっていて，例えばまっすぐな線だとすると問題だ．本来は隣り合っている駅，例えば渋谷駅と恵比寿駅が，路線図の両端に来ることになる．何も知らない乗客がその路線図を見たら，逆回りに乗ってしまい数分で行けるところを1時間かかってしまうことになりかねない．
しかし，山手線を知っている人に路線図を書いてもらったら，細かい地理や駅の並びなどを覚えていない人でも皆，輪の形をした路線図を書くだろう．それは，人が日常的にトポロジーを使いこなしていることの証だ．逆に言うと，人間が備えているそのような感覚を厳密な数学にしたのがトポロジーなのだ．

## f. サバイバーは何人？

さて，スプラウトで勝つための戦略について少し考えてみよう．$t$ 手で（$t$ 本の線が書かれて）ゲームが終了したとすると，$t$ が奇数なら最後に線を書くのは先手なので先手の勝ち，偶数なら後手の勝ちとなる．$n$ 個のスポットから始めたとき，ゲーム開始時のトータル HP は $3n$ で1手ごとにトータル HP が1減るので，ゲーム終了時のトータル HP を $s$ とすると，

$$s = 3n - t \tag{1-1}$$

となる．ゲーム終了時にはすべての生者の HP は1なので（HP が2以上なら，そのスポットからループを書けるのでゲームが終わっていない），$s$ はゲーム終了時の生者，つまり最後まで生き延びた「サバイバー」の数と同じになる．
$t=3n-s$ が奇数だと先手の勝ち，偶数だと後手の勝ちだから，

- $(n, s)=$(偶数，奇数)，（奇数，偶数）のとき先手の勝ち
- $(n, s)=$(偶数，偶数)，（奇数，奇数）のとき後手の勝ち

となる．サバイバーの数 $s$ をコントロールするのが勝敗の鍵となりそうだ．

では，ゲーム途中でサバイバーの数を知ることができるだろうか．次の方法を使えば，少なくとも，ある数以上のサバイバーが最終的に残るということがわかる．ゲームのある時点で，それまでに書かれた線（の一部）を使って区切られる平面の領域に注目する．このとき，次のことが成り立つ．

**定理：その領域内部（領域の輪郭線は含めない）に生者が一人でもいれば，ゲーム終了時にもその領域内部にサバイバーがいる.**

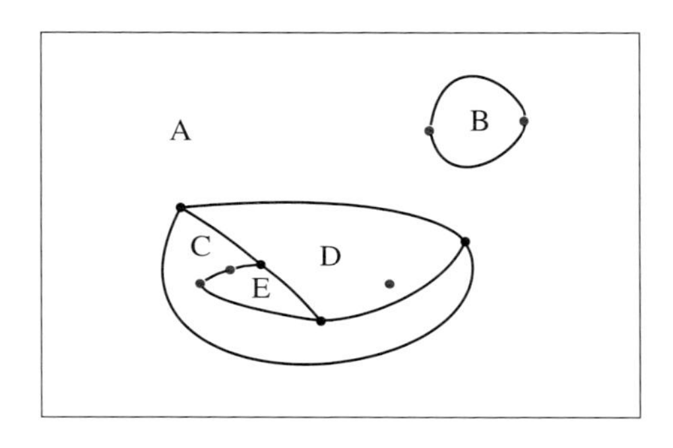


上図にある，四つのスポットからゲームを始めて5手まで進んだ状態を考えよう．書かれた線によって平面がA, B, C, D, Eの五つの領域に分割されている．また，AとBを合わせた領域も描かれている線の一部（Bを囲む線以外の線）で作られる領域であるし，AとDを合わせた領域，CとDとEを合わせた領域などもそうである．青色のスポットが現時点での生者だ．領域D内部に生者が一人いるので，定理から領域D内部にはゲーム終了時にもサバイバーが少なくとも一人いることがわかる．領域A, B, C, Eは，（領域の輪郭線には生者がいるが）内部に生者を含んでいないので，これらの領域については同じことが言えない．しかし，AとBを合わせた領域や，CとEを合わせた領域の内部には生者がいるので，ここにもサバイバーが一人ずつ残ることがわかる．したがって，ゲーム終了時のサバイバー数$s$は3以上であることがわかる．

定理の証明は簡単だ．ある領域内部にサバイバーがいるとする．このサバイバーがゲーム終了まで生き残らないとすると，途中でこのサバイバーを端点とする線を引かなければいけない．ゲームのルールから，この線は領域の外周と交われないので，端点を除くと線全体が領域の内部に収まっている．したがって，線の上に書き加えたスポットは領域内部の新たなサバイバーとなる．このようにサバイバーを殺しても，新たなサバイバーが常に同じ領域内に出現するので，サバイバーがいなくなることはない．証明終わり．

## g. 背後霊よ，成仏せよ

逆にサバイバー数がある値以下となることをゲーム途中で知るためには，死者に注目する．ゲーム終了時の死者は「背後霊」と「仏」の2種類に分けられる．各サバイバーに最も近い二人の死者がそのサバイバーの背後霊で，どのサバイバーの背後霊でもない死者を仏と言うことにする．各サバイバーはHP 1を持ち，そこからちょうど2本の線が延びている．その線の両端の死者が背後霊だ．もし，サバイバーから伸びる2本の線が一つの死者につながっているとき，その死者の隣の死者も背後霊となる．

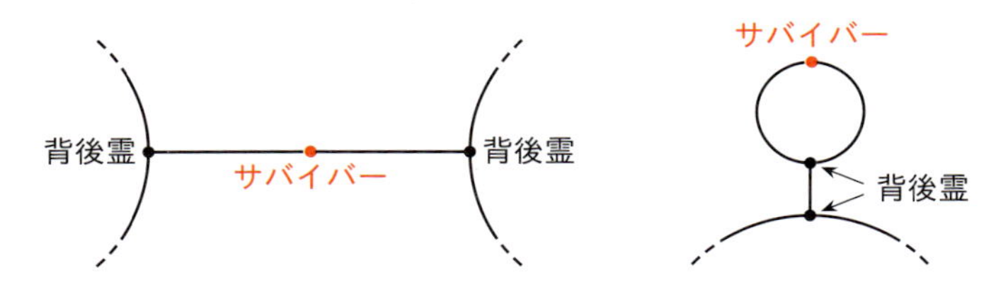


ゲーム終了時，各サバイバーはちょうど二人の背後霊を従え，同じ背後霊が違う二人のサバイバーに取り憑くことはない（もしそうなら，その二人のサバイバーの間に線を引けるので，ゲームが終わっていない）．したがって，ゲーム終了時の仏の数を $h$ とすると，

$$\text{開始時のスポット数}\ n + \text{手数}\ t = \text{終了時のスポット数} = \text{サバイバー数}\ s + \text{背後霊数}\ 2s + \text{仏数}\ h \tag{1-2}$$

という式が成り立つ．さらに，$t=3n-s$（(1-1)）だったので，

$$n+(3n-s) = 3s+h$$

となり，変形して

$$s = n-\frac{h}{4}$$

が導かれる．最後の式は，サバイバーの数が最初にいた人（スポット）の数 $n$ 以下であり，4人成仏するごとにサバイバーが一人減ることを表している．同様に，(1-1) と (1-2) から変数 $s$ を消去すると，

$$n+t=3(3n-t)+h$$

$$\Leftrightarrow t=2n+\frac{h}{4}$$

となり，終了までの手数 $t$ は $2n$ 以上であることがわかった．

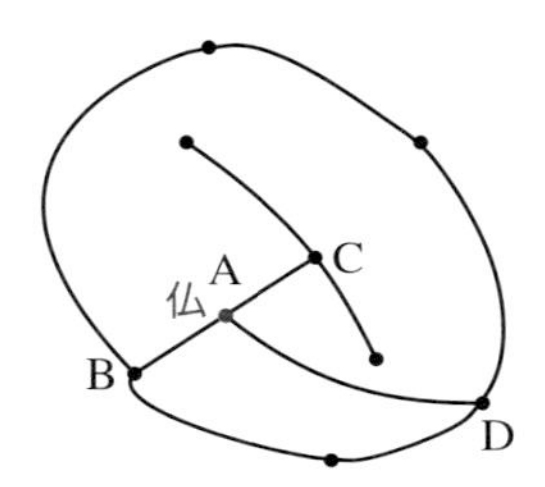


上図は $n=4$ 個のスポットからスタートし5手まで進んだところだ．「仏」と書いてあるスポットは，どのようにゲームが進んでもゲーム終了時に仏となることが以下のようにしてわかる．このスポット A から延びる3本の線はどれも死者 B, C, D に繋がっているので，A が背後霊になるには14ページ上の右図の上下に並んだ背後霊のうち下の方にならないといけない．そのためには，B, C, D のいずれかは同一のサバイバーと2本の線でつながる必要がある．現状ではそのようになっていないので，変更が必要だが，すでに死んでいるので変更できない．したがって，スポット A は背後霊にはなれない．ゲーム終了時の仏数 $h$ が1以上なので，

$$s=4-\frac{h}{4}\leqq 3$$

となる．一方，上で説明した方法で，サバイバーの数が2以上であることもわかるので，サバイバーの数は2か3になることがわかる．

実際のゲームでは固定したスポット数から始めると，終了までの手数は大体，ある自然数 $n$ か $n+1$ の二つの値をとることになり，どちらの値にするかの綱引きになる．そこで，上述の方法などでサバイバーの数をコントロールするのが良い戦略となるだろう．

### コラム：日本が誇る二大終止定理

科学界最高の栄誉とされるノーベル賞には数学部門がないが，しばしば数学のノーベル賞と例えられるのがフィールズ賞だ．この賞を受賞した日本人はこれまでに3人いる．受賞順に，小平邦彦，広中平祐，森重文の3人だ．3人とも代数幾何という分野の専門家で，代数幾何は日本のお家芸と言える．かくいう筆者の専門分野も代数幾何だ．この分野を簡単に説明すると，多項式方程式で定義される図形（例えば方程式 $y=x^2$ で定まる図形は放物線）の性質を調べる学問ということになる．変数の数，方程式の数を増やすと，いくらでも複雑でいくらでも高い次元，例えば100次元の図形を考えることができる．こうなると紙の上に書いた絵を眺めて調べるというわけにいかなくなるので，抽象理論で勝負することになる．

3人の日本人フィールズ賞受賞者のうち，広中と森の主要な業績はアルゴリズムの終止と関係している．二人の定理はともに，$n$ 次元の図形を少し変形するステップを繰り返し，有限回の後，ある良い性質を持った図形にすることができるという主張になっている．広中の定理は爆発（ブローアップ）と呼ばれる図形を膨らませる操作を繰り返して，特異点（尖ったり，自己交差しているところ）を無くせることを主張し，森の定理では，爆発の逆の操作である収縮とフリップという操作を繰り返して，図形を小さくしていき，これ以上小さくできないという状態にまで持っていけることを主張する．これらの操作が有限回で終わることを示すのに，やはり彼らは不変量を用いたのである．

第2章

# Hex

## もう一つのトポロジカル・ゲーム

### a. 元祖（?）トポロジカル・ゲーム

1960年代のスプラウトの誕生に先駆けて，1940年代には元祖トポロジカル・ゲームとも呼ばれるHexが誕生している．デンマーク人数学者ピート・ハインが1942年に，アメリカ人数学者ジョン・ナッシュが1947年に独立に発明した．ナッシュは有名な数学者で，多様体（第7章で紹介する曲がった空間を表現する数学の概念）の埋め込み定理や偏微分方程式で素晴らしい業績を挙げている．統合失調症になり波乱の人生を送り，彼の素晴らしい伝記『ビューティフル・マインド』（シルヴィア・ナサー，新潮社）は，後に映画化されアカデミー賞作品賞や監督賞を受賞する．ナッシュは悲願のフィールズ賞をとることはできなかったが，代わりに経済学に応用されるゲーム理論への貢献によりノーベル経済学賞を受賞した．さらに，2015年にはアーベル賞を受賞したのだが，ノルウェーでの授賞式の帰路，空港から乗ったタクシーが事故にあい，妻のアリシアとともに悲運の最期を遂げることとなった．最後までドラマチックな人生だったのだ．Hexのもう一人の発明者ハインはナッシュほど有名ではないが，発明家や詩人としての顔も持つなど多彩な人だったようだ．

Hexは，1952年に商品化され売り出されたが，商業的にはあまり成功しなかったようだ．しかし，このゲームは多くの数学者を魅了し，数学研究の対象になったり，多くの派生ゲームが誕生したりした．第8章で紹介するオイラー・ゲッターもHexから触発されて筆者が考えたゲームだ．

### b. ルール

Hexは六角形のマスを菱形（ひしがた）状に並べたボードを用いる．11×11＝121マス並べたものが一番多く用いられるようだが，ナッシュは13×13マスが適正だと考え，ミルナー（フィールズ賞受賞者，プリンストンでのナッシュの後輩，後述のゲームＹの考案者）によるこのゲームの紹介記事[1)]には14×14マスが推奨されると書いてある．外周の4辺には向かい合う辺が同じ色になるように2色，一般的には赤と青（黒と白のこともある）の色がついている．一人のプレイヤーは赤，もう一人は青を割り当てられ，ゲームは二人が交互に空いているマスを選び自分の色をつける（自分の色の駒を置く）ことで進んでいく．そして，自分の色の2辺を自分の色のマスでつなぐことができたプレイヤーが勝者となる．

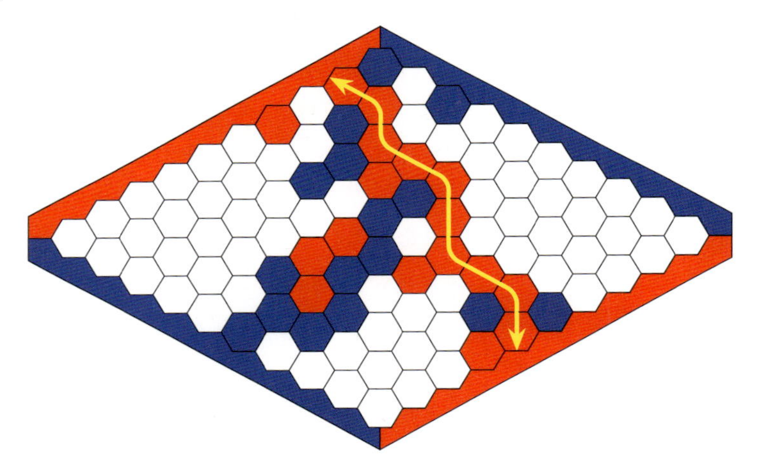

上図は赤のプレイヤーが勝った状態の終局図だ．黄色矢印に沿って，赤い2辺を赤いマスだけを通って行き来できる．Hexがトポロジカル・ゲームだと言われるのは，勝敗がボードの「トポロジー」で決まるからである．スプラウトと違い，Hexは有限個のマスをもつボードで遊ぶので，連続的にゲーム状態を変化させることができない．しかし，マスの区切り線を無視して，ゲームの各時点における赤と青の領域を連続的に変形していくことを考えよう．

1)　H. W. クーン・S. ナサー（編），落合卓四郎・松島 斉（訳），『ナッシュは何を見たか—純粋数学とゲーム理論』，シュプリンガー・フェアラーク東京，2005.

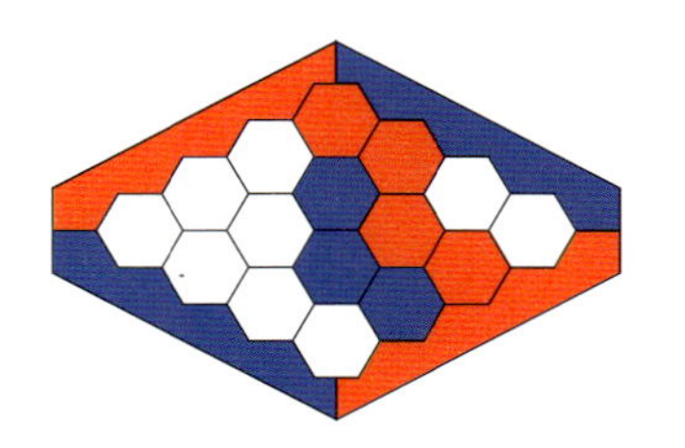
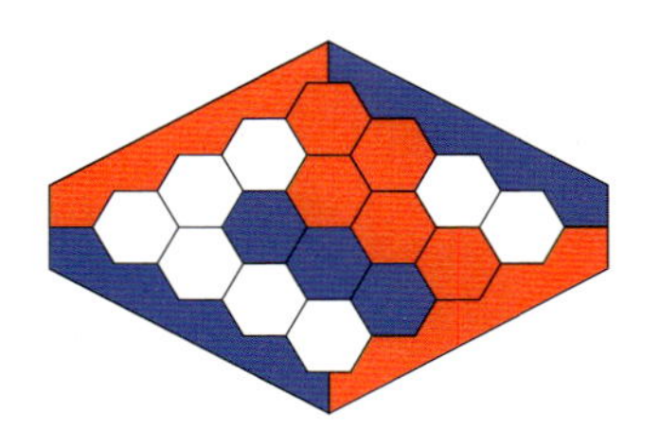

例えば上の二つの状態は，左の状態から右の状態へ，ボード中央付近を連続的に変形することで移ることができるのでトポロジー的に同じ状態だ．二つの状態のいずれも赤の勝ちである．このように，Hexでは，どちらが勝ったか，または，まだ勝負がついていないかを決定するルールがトポロジカルなのであり，「赤の勝ち」,「青の勝ち」,「勝負がついていない」の状態が連続変形で不変になっている．

## c. 引き分けは無し！

Hexのボードには有限個のマス（1辺が11マスのボードなら121マス）しかないので，有限回手番のうちに絶対に終わる．しかし，すべてのマスが埋まったときに，赤の2辺，青の2辺のどちらも繋がっていなければ，引き分けになってしまう．しかし，そのようなことは絶対に起こらないことを，以下のようなトポロジカルな議論から示すことができる．

全てのマスに色を付けたとき，菱形のボード全体が2色の領域に塗り分けられることになる．このときの2色の領域の境界線に注目しよう．ここで，マスが六角形であることが効いてくる．このハニカム状のボードでは，六角形の各頂点の周りにちょうど三つの六角形が集まっている．ある頂点が2色の領域の境界線上にあるとき，頂点の周りの三つの六角形は二つの色に塗り分けられることになる．（三つとも同じ色なら，その頂点は境界線上にない．）

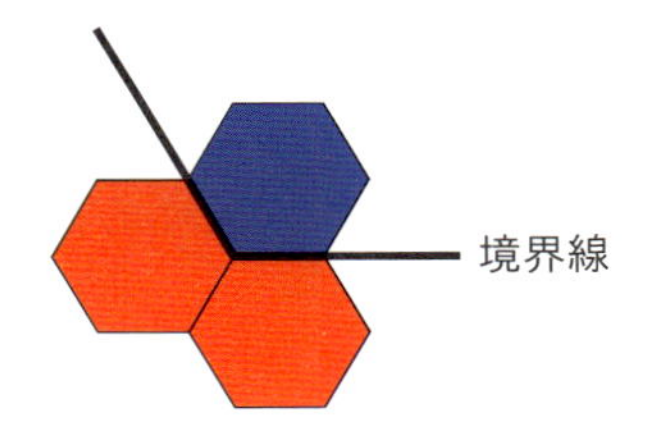

例えば，赤が二つ，青が一つだと上図のようになる．そうすると，境界線が枝分かれしていないことが見てとれる．

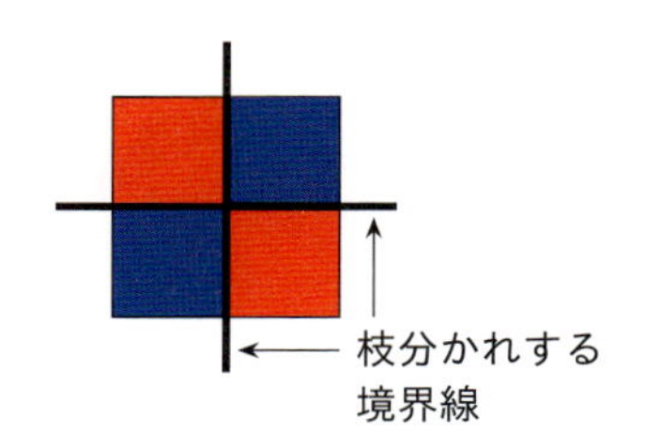


もし，六角形の代わりに正方形を並べたボードだと，上図のように1頂点の周りに赤と青のマスが二つずつ交互に並ぶと，境界線がそこで枝分かれしてしまう．

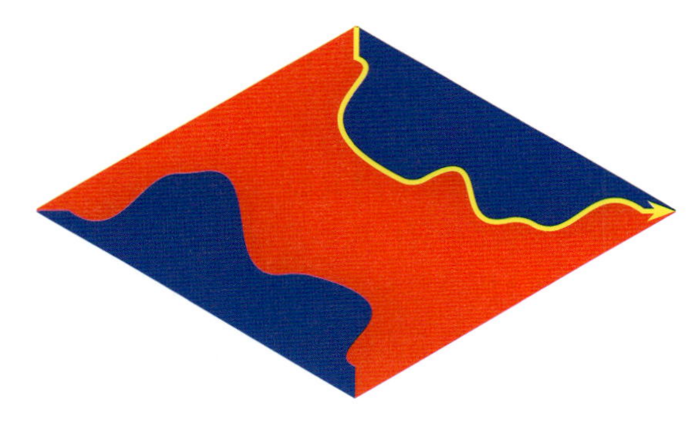

さて2色に塗り分けられた菱形で，青い2辺が繋がっていないとしよう．そして，青い領域で一つの辺を含む一まとまりの部分を考えよう．その部分の外周は，菱形の1辺を含む輪っかになっている．青い2辺が繋がっていないことから，輪っかはもう一つの辺を含まない．そこで，輪っかの残りの部分は青領域と赤領域の境界線になっている．その境界線のすぐ近くの赤領域部分（図の黄色矢印）をたどると赤い2辺を結ぶことができる．これにより，赤か青の2辺のどちらかは必ず繋がることがわかった．

また，どちらか一方しか繋がらないことも示せる．もし先手が先につながって，次の一手で後手が繋がったら引き分けにするのがフェアだろうが，そのようなことは絶対に起きない．赤が繋がってしまえば，それが青の2辺を区切ってしまい，それを横切ることはできないのだ．Hex ではこのようにトポロジカルな勝敗条件を持ち，必ず決着がつくこともトポロジーにより保証されるのだ．

## d. 戦略盗み

実はHexは先手必勝である．「この局面ではこう打て」というマニュアルがあり，先手がそのマニュアル通りに打っていれば必ず勝つのだ．これを聞いて一気にゲームをやる気がそがれたかもしれないが，安心してほしい．そのようなマニュアルは理論上存在するだけであって，実際にそのマニュアルの中身を知っている人は小さいボードの場合を除いて[2]誰もいない．

まず，Hexのように，有限の手数で終了し，運に左右されず，引き分けで終わることがなく，二人のプレイヤーが完全に情報が公開されたうえで交互に行動するゲームでは，必ず先手必勝か後手必勝のどちらかであることがわかっている．これは，帰納法で簡単に証明することができる．Hexの場合にこれを数学的帰納法で証明するために，一部のマスがすでに赤や青に塗られている状態からスタートする変則Hexを考えよう．（数学的帰納法を使うために，証明したい定理をより一般的な状況で成り立つ形に定式化しなおすのは，よく使うテクニックだ．一般化すると，より強い主張になるので，証明は難しくなりそうだが，必ずしもそうではない．）

**定理：Hexをどのような盤の状態からスタートしても，赤プレイヤーの必勝か青プレイヤーの必勝である．**

赤か青に塗られていないマスの個数$n$について数学的帰納法を使おう．$n=0$，つまり，全てのマスが色づけられているときは，もう勝負がついているので定理が成り立つ．$n=k$のときに定理が正しいとして，$n=k+1$のときにも定理が正しいことを示せばよい．$n=k+1$のときに，いま赤プレイヤーの番だとして，一手打つと$n=k$の状態に移る．どの手を選んでも，移った先は，赤

2）コンピュータを使って，9×9ボードの場合までは完全に解析されたようだ．Jakub Pawlewicz and Ryan B. Hayward, Scalable Parallel DFPN Search, H. J. van den Herik *et al.* (Eds.): *CG 2013*, LNCS 8427, 138-150, 2014.

プレイヤーの必勝か青プレイヤーの必勝のどちらかだ．もし，どの手を選んでも青プレイヤーの必勝になるなら，それは選ぶ以前から青プレイヤーの必勝である．もし，赤プレイヤーの必勝状態に移れる手が一つでもあるならば，その手を選べばよいので赤プレイヤーの必勝である．証明終わり．

もちろん，上の定理のように一部のマスがすでに塗られた状態から始めたら，その塗られ方によって，先手必勝にも後手必勝にもなりうるが，まっさらな状態から始めたら必ず先手必勝になるのだ．

**定理：Hex は先手必勝．**

この定理にはナッシュによる背理法を使ったとても面白い証明がある．後手必勝だと仮定して矛盾を導く．実際には存在しないが，背理法で存在すると仮定している後手の必勝戦略を先手が盗むという論法でストラテジー・スティーリングと呼ばれている．

後手必勝だと仮定しておいて，先手必勝であることを示すと，これは矛盾なので，後手必勝という仮定が間違っていたことになり，先手必勝であることが証明される．先手を赤だとしよう．先手はどこでもいいので第1手を打つ．後手が第2手を打ったのち，先手は最初に自分が打った1手は忘れて，（後手による）第2手を仮想的に（先手の）第1手だと思い，次に自分が第2手を打つという想定（本当は先手なのに，自分は後手だと思い込ん）で，後手の必勝戦略に従って次の手を選ぶ．以後も，ずっと自分の第1手を忘れ自分が後手になった想定で先手は打ち続ける．もし，必勝戦略が指し示すマスが第1手に打った忘れるべきマスだった場合は，それ以外のマスをどこでもいいので選ぶが，その後はそのマスを忘れることにする．このように進めていくと，（忘れているマスを無視すると）ずっと必勝戦略に従って打っていることになる．忘れているマスが不利に働くことはないので，これによって先手は必ず勝てることになり，Hex は先手必勝であることが証明されてしまった．しかし，後手必勝だと仮定していたのでこれは矛盾だ．ということは，後手必勝という仮定が間違っていたのであり，先手必勝でなければならない．（あー，ややこしい！　わからなかった人は，ゆっくり深呼吸をして，もう一度落ち着いて証明を読んでみよう！）証明終わり．

## e. ゲーム「Y」

Hex を考案したとき，ナッシュはアメリカにあるプリンストン大学の大学院生だった．当時のプリンストンはアインシュタイン，ゲーデル，フォン・ノイマンなど錚々たるメンバーが集まる，数学や物理の世界の中心だった．現在でも超一流の研究者が在籍するトップクラスの大学や研究所であることに変わりはないが，当時ほどの一極集中ではない．Hex はプリンストンの学生の間で「ジョン」や「ナッシュ」などと呼ばれ親しまれた．

ナッシュが Hex を考え出した少し後には，プリンストンの英才達が似たゲームをいろいろと考案している．その中でも，ミルナーによる「Y」は根強い人気を誇るトポロジカル・ゲームだ．

Y は一般的には以下のような正三角形のハニカムボードを用いる．

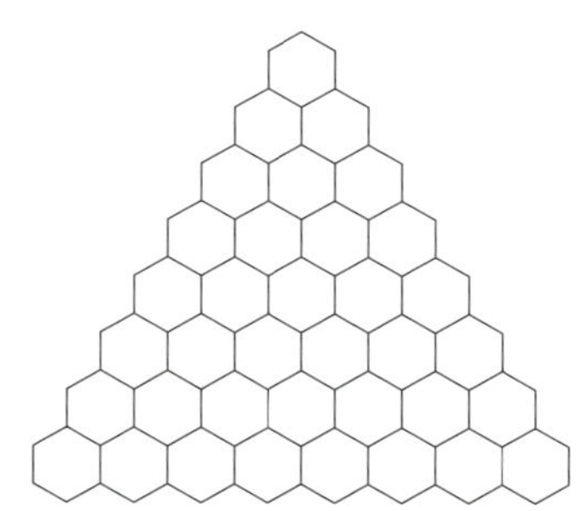

先手有利であるゲームバランスを改善するためには，6 角形のボードやより巧妙なマスの配置をしたボードを用いることもある．

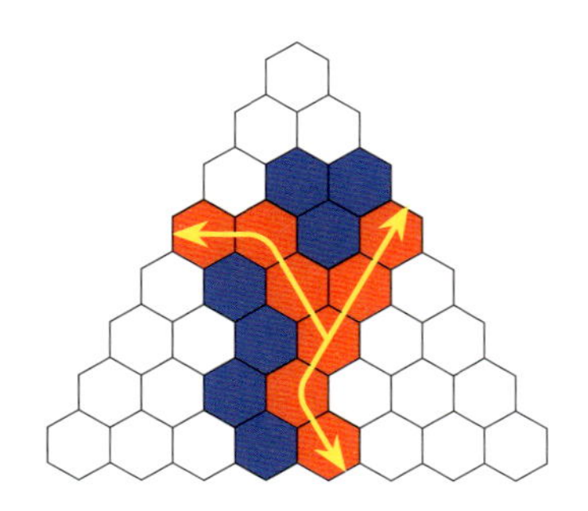

Hex と同じように，赤と青のプレイヤーが交互にマスに色を付けていく．勝者は3角形の3辺をつなげたプレイヤーだ．

上図では赤の勝ちだ．ゲーム名は勝ったほうが自分の陣地内に3辺をつなぐYの字を書けることからきている．

Yも必ず決着がつくのだが，これはHexの場合に比べて直感的に見るのが難しい．ゲームの考案者ミルナーによるエレガントな証明を紹介する．

**定理：Yのボードのすべてのマスを2色に塗り分けたとき，必ず一方の色は，そして一方の色のみ3辺をつなぐ．**

証明はHexのときに議論したように赤と青の領域の境界線に注目する．やはりHexの場合と同様に，ハニカムボードを用いていることから境界線は枝分かれしない．

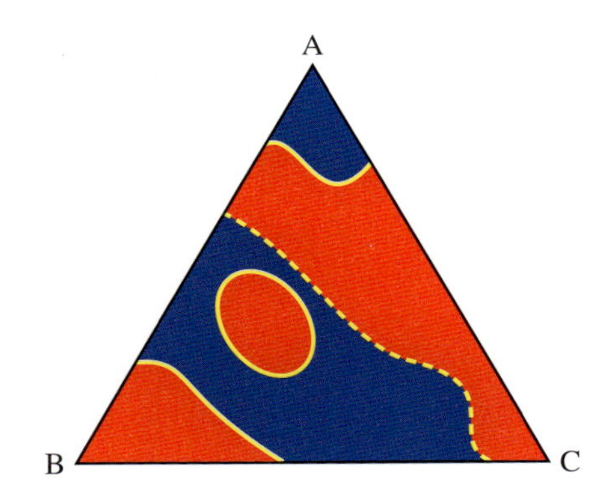


上は，3角形を2色に塗り分けた状態だ．境界線は黄色で描いている．境界線は輪っかになっているものと，両端が3角形に接続する線分状のものの2種類に分けられる．境界線が3角形の頂点に接続することはないことに注意しよう．線分状境界線の本数についての数学的帰納法で定理を証明する．もし線分状境界線が0本なら，3角形の3辺のすぐ内側はすべて同じ色になるので定理が成り立つ．線分状境界線が$n$本以下のときに定理が成り立つとする．いま，線分状境界線が$n+1$本あるとするとき，その境界線のうち1本に注目する．例えば上図の破線だとしよう．3角形は破線により二つに分割されるが，その

うち片方は 2 個以上の 3 角形の頂点（上図では A と C）を含み，もう一方は 1 個以下の頂点（上図では B）しか含まない．頂点を 1 個以下しか含まない側にある，赤，青いずれの領域も 3 辺を連結することはないので，この部分を全て，破線のすぐ反対側の色（上図では赤）に塗り替えても，定理の主張の可否には影響しない．

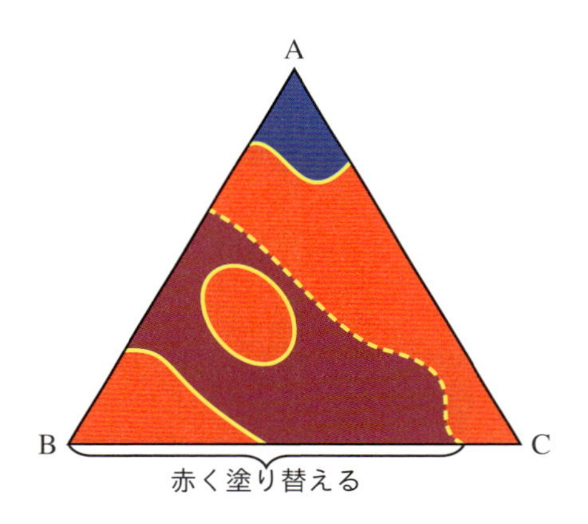


こうすると，境界線が少なくとも 1 本は減る（破線が境界線でなくなる）ので，帰納法の仮定からこの場合は定理が成り立つ．したがって，塗り替える前でも定理は正しく，帰納法からすべての $n$ で定理が正しい．証明終わり．

## f. 平等なお菓子の切り分け方

Hex も Y も先手有利だ．ゲームに慣れてくると，この点が気になるかもしれない．この不公平を無くすためにパイ・ルールというものがある．

**パイ・ルール：先手が第 1 手を打った後に，後手は次のいずれかを選べる．**

**1. 通常通り，第 2 手を打つ．**

**2. 先手が打った第 1 手を自分の手とし，先手と後手を交代する．これにより，もともと先手だったプレイヤーは後手になり第 2 手を打つ．**

**これ以降は通常通り交互に打っていく．**

パイ・ルールの名はお菓子のパイを二人で切り分けるときに，切らなかったほうがどちらのピースを取るか選べば平等になるということからくる．同じ大きさに切らないと，大きいほうを相手に取られてしまうのだ．ゲームでも，先手は自分に有利な手を打つと，相手に先手・後手を交代されてしまうし，不利な手を打つと交代されず不利な初手からゲームを続けなければならない．ちょうど良いバランスのとれた手を打つことが要請されるというわけだ．

**コラム：数学の研究って何をする？**

世の中の数学者と呼ばれる人たちの多くは大学の教員である．その仕事内容は教育，研究，そして大学の運営に必要な様々な業務になる．たまに，夏休みと春休みは大学の先生は仕事がないと思っている人がいるが，この期間にも運営業務はあるし，授業期間中に忙しくてなかなか時間がとれない研究を頑張っているのだ（えっへん）．数学の研究と言っても，実験室で顕微鏡をのぞくわけでもないし，ジャングルに分け入って動植物の観察をするわけでもなく，何をするのか想像がつかない人も多いだろう．端的に言うと，新しい定理を証明するのが数学の研究だ．机や黒板に向かって，一生懸命計算をすることもあれば，証明の糸口を求めて，窓の外を眺めたり，ソファーに寝そべったりしながら，ぼんやり考え事をすることもある．証明出来たら，それを論文にまとめ専門誌に投稿する．匿名の査読者の審査を経て，めでたく受理されれば，しばらくして論文が出版され，定理の正しさや価値に一定の保証が付いたことになる（それでも，著者も査読者も人間なので，間違いが見逃されることもある）．掲載を断られれば，必要に応じて論文を手直しして，また別の専門誌に投稿する．最近は，専門誌に投稿するまえに，論文をインターネットで公表することが多い．また，研究集会に参加して，黒板やプロジェクターを使って発表することも，自分の証明した定理を知ってもらうために重要だ．

新しい定理を証明すると言っても，テスト問題にあるように「これこれを証明せよ」などと，誰かに指示されて証明するのではない．何を証明するべきなのかを自分で決めなければいけない．そのために，本や論文を読んだり，他人の研究発表を聞いたりして，何が知られていて何がまだ知られていないかを知る必要があるし，何が解くべき重要な問題かを判断しなければならない．このように問題を絞り込んでいき研究テーマを定める．そして，これまでに知られている事実や，具体例を計算するなどして，成り立つであろう定理を定式化して，最後に証明にとりかかるというのが，よくある流れになる．

数学はすごい勢いで発展しているので，筆者の専門の代数幾何の中だけでも大きな理論が数多くあり，一人の数学者が習得できるのは，そのうちのほんの一部だけだ．そこで，最近は共著論文が増えている．複数人が専門知識を出し合い協力して定理を証明する．共同研究者が他大学や海外にいることが多いので，Eメールのやりとりで議論したり，たまにお互いの大学を尋ねたり，同じ研究集会に参加した際に会って議論したりする．共同研究をするかしないかは別にしても，世界中の人と知り合えるのは，この仕事の魅力の一つだ．

第3章

# SET

## 81 点が作る 4 次元空間

### a. パターン発見

数学者や科学者の仕事とは，混とんとした一見無秩序なところに，なんらかのパターンを見つけることだと言える．ゲーム「SET」は 12 枚の机上に並べられたカードから，ある種のパターンを持つ組合せを探すゲームだ．遺伝学者のマーシャ・ファルコにより 1974 年に考案され，1990 年の発売以降，数々の賞を受賞した．最近日本でもホビージャパンから売り出された．

SET には以下のようなカードが 81 枚あり，そのうち 12 枚を机上に並べる．

SET の各カードは「形」,「色」,「数」,「塗り方」の 4 要素それぞれについて，以下の 3 属性のいずれかを持っている．

| 要素 | 属性 |
|---|---|
| 形 | 楕円，波型，ひし形 |
| 色 | 赤，紫，緑 |
| 数 | 1，2，3 |
| 塗り方 | 塗りつぶし，縞模様，囲み線のみ |

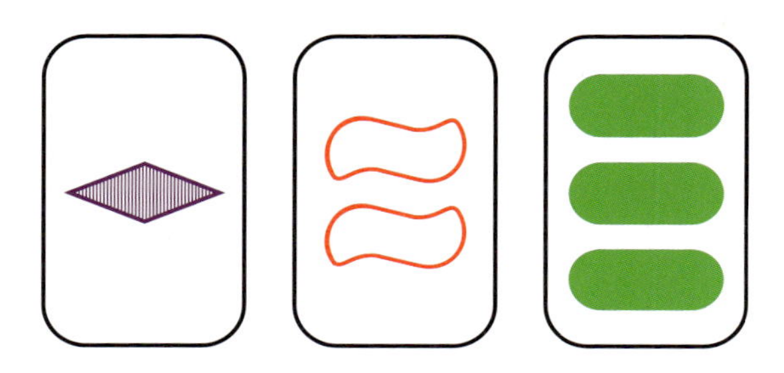

例えば，上の3枚のうち左のカードは（ひし形，紫，1，縞模様），真ん中のカードは（波型，赤，2，囲み線のみ），右のカードは（楕円，緑，3，塗りつぶし）という属性を持っている．属性の組合せ方は$3^4=81$通りあり，各組合せ方に対しちょうど一つのカードがあるので，カードの総数は81枚となる．

ゲームではそのうち12枚を机上に並べ，そこからSET（セット）という特定のパターンを持つ3枚組をできるだけ早く見つけることを競う．ゲームの名前と同じで紛らわしいので，以後，このような3枚組を「SET組」と呼び，ゲームを「SETゲーム」と呼ぶことにする．3枚組がSET組になるのは，次のSET条件を満たすときだと規定する．

**SET条件：「形」，「色」，「数」，「塗り方」の4要素それぞれについて，3枚の属性が全部同じか，全部違う．**

上の3枚組は，どのカードも色は紫，数は2，塗り方は囲み線のみであり，色，数，塗り方の属性は全て同じだ．また，形はそれぞれ，ひし形，波型，楕円とすべて異なるので，SET条件を満たし，この3枚組はSET組である．このケースでは，三つ要素の属性が等しく，一つの要素（形）の属性だけが異なった．これは，一番見つけやすいタイプのSET組だ．ちなみに，4要素がすべて等しい3枚組はない．4要素がすべて等しいカードはただ一つしかないので，3枚組を作ることはできない．前ページの3枚組は「形」，「色」，「数」，「塗り方」がすべて異なる，一番見つけるのが難しいSET組の一例だ．

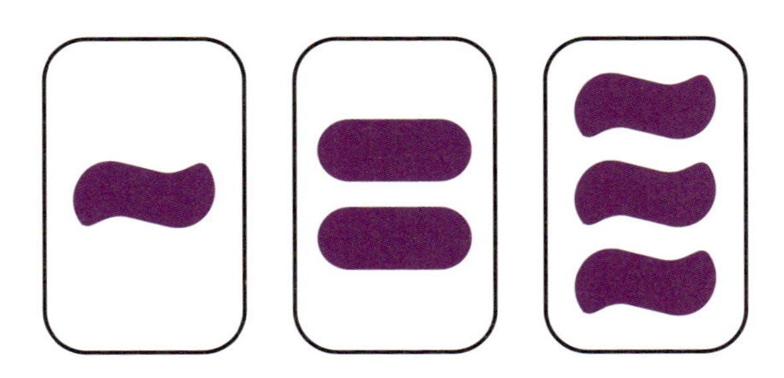

上の3枚では色と塗り方は全て同じで数は全て異なるが，形は二つが波型で，一つが楕円となっているのでSET条件を満たさず，SET組ではない．

## b. ルール

商品の箱には遊べる人数は「1人から20人」と書いてあるが，基本の遊び方は複数のプレイヤーで点数を競うというものだろう．並べたカード内から早くSET組を見つけるのを競い，見つけたSET組の個数が点数となる．

プレイヤーの一人がディーラーとなりカードをシャッフルして，机上に12

枚のカードを絵柄を上に向けて並べ，残りのカードを山札として裏返して置く．プレイヤーは12枚の中からSET組を早く見つけ「SET（セット）」と宣言し，その3枚組をもらい1点を獲得する．ディーラーは3枚を補充してゲームを続ける．山札がなくなれば，場のカードだけでゲームを続け，SET組が一組も作れなくなればゲームは終了．終了時に獲得した点数が一番多いプレイヤーの勝ちとなる．

ただし，「SET」を宣言した人は，カード3枚を場からすぐに取らなければならず，もし取った3枚がSET組になっていなければ，1点を失い，カードを場に戻す．誰も場のカード内にSET組を見つけられない場合は，プレイヤー全員の合意の下で，3枚を山札から場に追加する．場に12枚より多くカードがある状態でSET組が見つかった場合は，山札からカードを補充せずにゲームを続ける．

## c. SET組は直線!?

SETゲームでまず知っておくべきことは，次の基本定理だ．

**定理：どの2枚のカードに対しても，それらとSET組を成すようなカードがちょうど1枚存在する．**

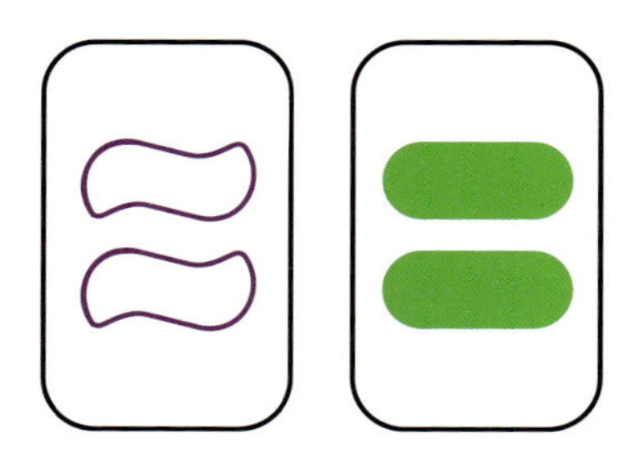

例えば，上の2枚のカードに対しては，どのカードを合わせるとSET組になるだろう？　要素を順番に見ていこう．まず，形については，2枚のカードは波型と楕円で異なるので，SET組になるためには，もう1枚のカードは菱形でなければいけない．色は紫と緑だから，もう1枚は赤である必要がある．2枚

のカードとも数の属性は2なので，もう1枚のカードも2でないといけない．最後に，塗り方は「外枠だけ」と「塗りつぶし」なので，もう1枚は縞模様となる．したがって，上の2枚とSET組を作るカードは，「ひし形」,「赤」,「2」,「縞模様」という属性を持つただ一つのカードだとわかる．

実は，この定理は「SET組は直線である」ことと関係している．小中高校で習う平面図形，空間図形（つまりユークリッド幾何学）では，異なる2点を通る直線がただ一つ存在する．これが成り立たなければ，補助線も引けないし，頂点A, B, Cを持つ三角形△ABCという言い方も意味を成さない．

前述のSETゲームにおける基本定理は「どの2枚のカードに対しても，それを含むただ一つのSET組がある」と言い換えることができるが，「カード」を「点」,「SET組」を「直線」と読み替えるとユークリッド幾何の基本事実「異なる2点を通る直線がただ一つ存在する」になる．こじつけのような読み替えだが，ちゃんとした数学の枠組みを準備するとSET組を直線だと解釈することができるのだ．

## d. 数から空間を作る

実数を視覚的に理解するのに使うのが数直線だ．数直線を物質化すると定規になる．数直線の一つ一つの点は実数を表している．実数と数直線の点を完全に同一視して区別しないことも多い．直線は1次元だが，もう1次元上に行って平面を考えると，その点は座標 $(x, y)$ で表される．平面の点は実数二つの組に他ならない．同じように3次元空間の点は実数の三つ組 $(x, y, z)$ となる．点と数（の組）を対応させることにより，幾何の問題（例えば，二つの曲線の交点を求める問題）と代数の問題（例えば，連立方程式を解く問題）を結びつけられる．曲線の交点を方程式を解くことで求めたり，方程式を解く問題を図を使って見通しを良くしたりすることができる．このように点（幾何）と数（代数）は表裏一体になっている．

数学で扱うもの（数，図形，関数など）の集まりを「集合」と呼ぶ．現代の数学の基礎は集合論で，全ての議論は集合を使ってなされる．自然数全部の集合や実数全部の集合など，無限個のものを含む集合も考える（参考：h節）．二つの集合 $A$ と $B$ に対して，$A$ の元と $B$ の元の組 $(a, b)$ 全体の集合を $A$ と $B$

の積集合と言い $A\times B$ で表す．実数全体（real numbers）の集合は $\mathbb{R}$ と書く．この集合 $\mathbb{R}$ は数直線と思うこともできる．すると，平面は $\mathbb{R}\times\mathbb{R}=\mathbb{R}^2$，空間は $\mathbb{R}\times\mathbb{R}\times\mathbb{R}=\mathbb{R}^3$ となる．ただし，ここでの組とは順番の情報を持っており，$x\neq y$ ならば $(x,y)$ と $(y,x)$ は異なる組になる．

座標を用いると，平面や空間内の直線は方程式で表される．平面内の直線なら1次式

$$ax+by+c=0 \quad (a,b,c \text{ は定数})$$

で表され，空間内の直線なら

$$ax+by+cz+d=0,$$
$$a'x+b'y+c'z+d'=0 \quad (a,b,c,d,a',b',c',d' \text{ は定数})$$

という連立方程式で表される．

方程式ではなくパラメータ表示を使って直線を表すこともできる．平面内のどんな直線も，二つのベクトル[1] $(a,b)$ と $(c,d)$，そして自由に動く（実数の）パラメータ $t$ を用いて

$$(a,b)+t(c,d)\,(=(a+tc,b+td)) \quad t\in\mathbb{R}$$

と書ける．この直線は，点 $(a,b)$ からベクトル $(c,d)$ の方向（とその反対方向）に伸びていく．3次元空間 $\mathbb{R}^3$ 内の直線，平面でも同様である．

大学の数学では，3次元でとどまらず，その先がある．1次元の直線が $\mathbb{R}$，2次元の平面が $\mathbb{R}^2$，3次元の空間が $\mathbb{R}^3$ なら，4次元空間 $\mathbb{R}^4$ は実数の四つ組 $(w,x,y,z)$ の全体となる．さらに，5次元空間 $\mathbb{R}^5$，6次元空間 $\mathbb{R}^6$ と続き，すべての自然数 $n$ に対して $n$ 次元空間 $\mathbb{R}^n$ が考えられる．このように，数の集合である $\mathbb{R}$ から単純な構成で空間が作られる．実は，他にも様々な $n$ 次元空間が

---

1)　ベクトルを知らない人のための説明：ベクトルとは実数二つの組であり，つまり平面 $\mathbb{R}^2$ の点と同じものだ．（正確には，これは2次元ベクトルで，3次元ベクトル，4次元ベクトル，…，$n$ 次元も同様に考えられる．）しかし，ベクトル $(a,b)$ と言ったとき，座標 $(a,b)$ の点よりも，原点 $(0,0)$ から $(a,b)$ へ伸びる矢印をイメージすることが多い．向きと大きさを持つ物理量，速度や力などがよくベクトルで表される．数学では，二つのベクトルを足すなど，演算を施す場合には点よりもベクトルと呼ぶことが多い．二つのベクトル $(a,b)$ と $(c,d)$ の和 $(a,b)+(c,d)$ は $(a+c,b+d)$ と同じ場所にある数同士を足し合わせたものと定義する．ベクトル $(a,b)$ の $c$ 倍 $c(a,b)$ とは，$(ca,cb)$ とベクトルを構成する両方の数をそれぞれ $c$ 倍したものである．

ある（参考：第7章）ので，他と区別して $\mathbb{R}^n$ を $n$ 次元ユークリッド空間と呼ぶ．

## e. 4次元以上の空間

3次元以下は絵や模型を直に「見る」ことができる．4次元以上の空間 $\mathbb{R}^n$ は書くことも見ることもできない．$n$ 個の数値（データ）を並べたものは $\mathbb{R}^n$ の点だと見なせるので，この集合に数学的な意味があるのは確かだが，4次元以上の空間や図形を考えることには違和感を覚える人がほとんどだろう．私たちが住んでいる世界は3次元に見えるので，これは当然の感覚だ．しかし，そもそも「見る」という行為は，目から入ってきた情報を脳で再構築することである．読書や人の話を聞いていて，見るように情景を思い浮かべることもある．情報が十分にあれば見えるのだ．幾何学者は日々 $n$ 次元の空間を調べることで，少しずつ感覚を養い，$n$ 次元空間がより見えるようになっていく．幾何学とは，真っ暗闇の中で物質の形を手探りで調べることに似ている．

「数学の本質はその自由性にあり」と集合論の創始者カントールは言った．$n$ 次元空間も，物理的実体があろうとなかろうと数学の研究対象となる．リーマンによる1854年の講演「幾何学の基礎をなす仮説について」以降，数学者は $n$ 次元空間，そして $n$ 次元多様体（多様体は第7章で説明）を研究してきた．しかし，後にアインシュタインは相対性理論をリーマンの幾何学を用いて記述した．また，素粒子物理学の最先端の理論で，相対性理論と量子力学を統一する有力候補と目される超弦理論によると，この宇宙は10次元や11次元であるらしい．現在，物理学者と数学者が協力し $n$ 次元の幾何学を駆使して超弦理論の研究が進められている．数学者が生み出した美しい理論は，実は宇宙に組み込まれていたということが結構ある．

## f. 加減乗除できます

実数の集合 $\mathbb{R}$ は，自然数の集合 $\mathbb{N}$ や整数の集合 $\mathbb{Z}$ とは異なる良い性質を持っている．それは，四則演算を備えていることだ．四則演算とは加減乗除，つまり，足し算，引き算，掛け算，割り算のことだ．0で割ることを除けば，二つの実数を足したり，引いたり，掛けたり，割ったりして新しい実数を作ることができる．自然数の集合 $\mathbb{N}$ や整数の集合 $\mathbb{Z}$ ではこうはいかない．自然数の引

き算 $a-b$ は $b$ の方が大きいと自然数ではなくなってしまい，$\mathbb{N}$ の外に飛び出てしまう．整数の割り算 $a/b$ では $a$ が $b$ の倍数でないと整数にはならず，やはり $\mathbb{Z}$ の外に飛び出てしまう．$\mathbb{R}$ のように四則演算を備えた集合を体（たい）と呼ぶ．

ユークリッド幾何において，$\mathbb{R}$ が体であることがどう関係するかを見るために，2直線 $y=ax+b$ と $y=a'x+b'$ の交点を求める問題を考えよう．連立方程式を解けば交点の座標は

$$\left(-\frac{b-b'}{a-a'}, \frac{ab'-ba'}{a-a'}\right)$$

となり，係数 $a, b, a', b'$ から四則演算で求まる．$\mathbb{R}$ が体であることから，実数の係数 $a, b, a', b'$ で定まる2直線の交点の座標（これも実数）が得られる．体ではない整数の集合 $\mathbb{Z}$ ではどうなるか．$a, b, a', b'$ が整数（つまり集合 $\mathbb{Z}$ に含まれている）でも，交点の座標は普通は分数になり，$\mathbb{Z}$ の外に飛び出てしまい，整数だけで話が完結しない．例えば $y=x$ と $y=-x+1$ の交点は $\left(\frac{1}{2}, \frac{1}{2}\right)$ である．体となる数の集合は $\mathbb{R}$ だけでなく無数にある．一番基本的な体には，有理数の集合 $\mathbb{Q}$ と複素数[2] の集合 $\mathbb{C}$ がある．したがって2直線の交点を求める問題は，実は有理数の中だけでも話が収まる[3]．

## g. 1+1+1=0?

SET ゲームにおいて3は特別な数だ．形，色，数，塗り方の各要素に対し三つの属性があり，カードは全部で $3^4$ 個あり，SET 組は3枚組だ．平面 $\mathbb{R}^2$ 内の直線を $(a+ct, b+dt)$（$t$ は実数全体を動く）とパラメータ表示すると，直線の点は実数 $t$ と1対1に対応する．そこで，SET を直線と見なすには，三つの数からなる体があればいい．果たしてそんな体はあるのだろうか．

体の元で0でないものをとり $a$ としよう．体であるためには $a+a, a+a+a$

2）2乗すると $-1$ になる虚数単位 $i$ を導入し，$a+bi$（$a, b$ は実数）と表される数を複素数という．

3）ある数の集合が体だと，その中で話が収まるというのは，直線の方程式が1次式だからだ．より，高次の方程式を解くためには体を拡大していく必要に迫られる．たとえば $y=x^2$（放物線の式）と $y=2$（$x$ 軸と平行な直線）は有理数の係数しか持たないが，その交点の $x$ 座標は，$\pm\sqrt{2}$ と無理数になり $\mathbb{Q}$ の外に出てしまう．そこで，有理数と $\sqrt{2}$ から加減乗除を使って作られる数全体からなる新しい体 $\mathbb{Q}(\sqrt{2})$ を考える必要に迫られる．このように方程式から決まる体の拡大を調べることで，5次以上の方程式には解の公式が存在しないというアーベルの定理を鮮やかな方法で証明して見せたのがガロアである．

などもその体の元でないといけない．有限個しか元がないとすると，二つの異なる自然数 $m, n (m>n)$ に対して，

$$\overbrace{a+a+\cdots+a}^{m} = \overbrace{a+a+\cdots+a}^{n} \quad \text{（鳩ノ巣原理）}$$

$$\Rightarrow \overbrace{a+a+\cdots+a}^{m-n} = 0$$

となる．0 でない数をいくつか足し合わせたら 0 になるのだ．これは普通じゃない！　しかし，19 世紀後半にデデキント，クロネッカー，ウェーバーにより体の抽象的な定義が整備されたために，現代の私たちの道具箱にはこんな普通じゃない体も入っている．

実は各素数 $p$ に対して，ちょうど $p$ 個の数からなる体が存在する．そして 3 は素数だ！　この体を $p$ 元体（有限体とも）と言い，$\mathbb{F}_p$ と書く．（英語で体は field と言うので，F はその頭文字．）有限個しか数を含んでいなくても体であるので，四則演算を不自由なくできる．$\mathbb{F}_p$ から数を二つとってきて，それらを足したり，引いたり，掛けたり，割ったりして（とってきたものに一致してしまうこともあるが）新しい $\mathbb{F}_p$ の数を作ることができる．この体では

$$\overbrace{1+1+\cdots+1}^{p} = p = 0$$

という等式が成り立つ．3 元体 $\mathbb{F}_3$ では，$1+1+1=0$ となり，2 元体では $1+1=0$ となる．

SET のカードは 4 要素の各属性で決まるので，属性を並べてカードを表すことができる．例えば，（ひし形，赤，3，外枠だけ）は外枠だけ塗られた赤いひし形が三つ並んだカードを表す．さらに，各要素の三つの属性をそれぞれ 0, 1, 2（つまり 3 元体 $\mathbb{F}_3$ の数）に対応させると，カードは 0, 1, 2 の四つ組，例えば $(1, 0, 2, 1)$ と表される．数の要素は少し紛らわしいが，3 元体では $3=0$ なので，1, 2, 3 を 1, 2, 0 と対応させることにしよう．これは 3 元体 4 次元空間 $(\mathbb{F}_3)^4$ の点に他ならない．この空間は $3^4=81$ 個しか点を持っていない．SET の 81 枚のカードはこの 4 次元空間の点であり，この 4 次元空間がゲームの舞台となっているのだ．

## h. 合同式で集合を割る？

$p$ 元体 $\mathbb{F}_p$ は $p$ を法とした合同式を使って構成できる．合同式はオイラー，ラグランジュ，ルジャンドルの研究に登場し，ガウスの1801年に出版された『算術研究』において現代の記号が導入され本格的に利用されるようになる．整数 $a, b$ と素数 $p$ に対し，$a-b$ が $p$ で割り切れるとき「$a$ と $b$ は（$p$ を法として）合同である」と言い，

$$a \equiv b \pmod{p}$$

という式で表す．例えば

$$13 \equiv 4 \equiv -2 \pmod{3}$$

という合同式が成り立つ．以後，素数 $p$ は固定するので「$(\mathrm{mod}\ p)$」は省略する．合同式を使い整数の集合 $\mathbb{Z}$ を割ると $p$ 元体 $\mathbb{F}_p$ が得られる．しかし，集合を割るとはどういうことだろうか．

合同式は次の性質を持っている．

**反射律：すべての整数** $a$ **に対し，** $a \equiv a$
**対称律：** $a \equiv b \Rightarrow b \equiv a$
**推移律：** $a \equiv b$ **かつ** $b \equiv c \Rightarrow a \equiv c$

この三つの性質を持つことから，「二つの整数が合同である」という2整数間の関係は，同値関係であると言う．同値関係はクラス分けと大体同じことだ．二人がクラスメイトである関係は同値関係になっている．クラス分けが決まれば，誰と誰がクラスメイトかが決まる．逆に，誰と誰がクラスメイトかを上の3条件を満たすように決めれば，クラス分けが決まる．$p$ を法として合同な整数同士を一つのグループにまとめると，整数全体 $\mathbb{Z}$ が $p$ 個のグループに分けられる．

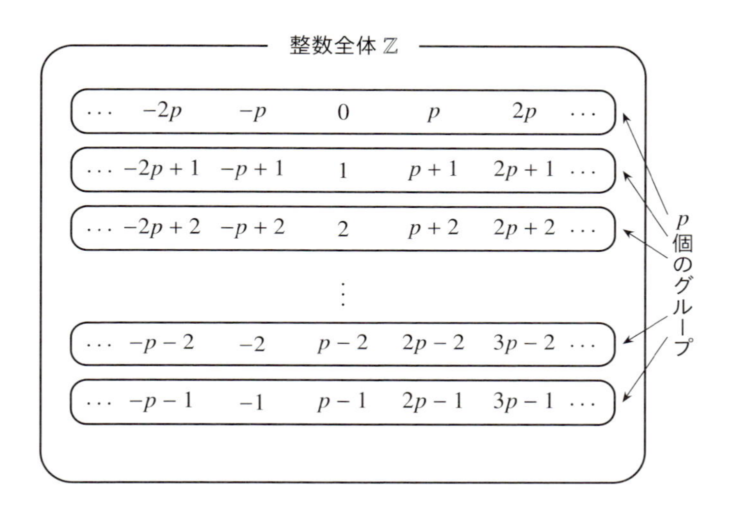


この $p$ 個のグループを集めてできる集合を $\mathbb{F}_p$ と書き，$p$ 元体と言う．そして，$\mathbb{F}_p$ は「$\mathbb{Z}$ を合同という同値関係で割って得られる商集合」である．これは，勘違いしやすいポイントだが（商集合は難しい概念で，これでつまずく数学科の学生も多い），$\mathbb{F}_p$ は整数全体 $\mathbb{Z}$ とは異なる．$\mathbb{Z}$ は無限個の元を持つが，$\mathbb{F}_p$ は $p$ 個しか元を持っていない．しかし，$p$ 個の元のそれぞれは無限個の元を持つ集合になっている．集合の表記を使うと，

$$\mathbb{F}_p = \{\{np \mid n \in \mathbb{Z}\}, \{1+np \mid n \in \mathbb{Z}\}, \cdots, \{(p-1)+np \mid n \in \mathbb{Z}\}\}$$

と2重の入れ子になった括弧を使って書ける．整数 $i$ を含むグループを $[i]$ と表記すると，

$$\mathbb{F}_p = \{[0], [1], \cdots, [p-1]\}$$

と書ける．さらに，括弧 [ ] を省略して単に $\{0, 1, \cdots, p-1\}$ と書くこともある．

## i. 素数は役に立つ

このままでは $\mathbb{F}_p$ は単に集合なので，四則演算を定めてこれを体にしてあげよう．いま，$a \equiv a', b \equiv b'$ が成り立つならば，

$$a+b \equiv a'+b'$$

$$a-b \equiv a'-b'$$
$$a\times b \equiv a'\times b'$$

が成り立つ．そこで，整数 $a$ を含むグループ $[a]$ と整数 $b$ を含むグループ $[b]$ の足し算を

$$[a]+[b]=[a+b]$$

により定めることができる．この定義はグループの表記の仕方 $[a],[b]$ に依存していて，違う表記 $[a'],[b']$ を選ぶと足し算の結果が $[a'+b']$ になってしまうが，$[a+b]=[a'+b']$ なので問題ないのだ．グループ同士の引き算，掛け算も同様に定義する．

問題は割り算だ．ここまでの話は $p$ が素数であることを全く使っていない．すべての自然数で通用する話である．$p$ が素数でない数，例えば6だとしよう．すると $[2]\neq[0],[3]\neq[0]$ だが，

$$[2]\times[3]=[6]=[0]$$

となってしまう．もし $[0]$ 以外のグループで割り算できるなら，上式を $[3]$ で割ることで

$$[2]=[0]$$

となり矛盾する．これで，$p$ が素数でないと割り算ができないことがわかったが，素数だと割り算ができるのはどうしてだろうか．その鍵はフェルマーの小定理だ．

**フェルマーの小定理：$p$ を素数，$n$ を $p$ の倍数でない整数とすると次の合同式が成り立つ．**

$$n^{p-1}\equiv 1 \pmod p$$

例えば $p=5, n=3$ のとき，

$$3^4 \equiv 81 \equiv 1 \pmod 5$$

となり，定理が成り立っている．$n$ が $p$ の倍数でないというのは $\mathbb{F}_p$ の要素 $[n]$ が $[n] \neq [0]$ となることと同等であり，そのような $n$ については，

$$[n]^{p-1} = [n]^{p-2} \times [n] = [1]$$

となる．つまり，$[n]^{p-2}$ が $p$ 元体 $\mathbb{F}_p$ における $[n]$ の逆数であり，割り算とは逆数を掛けることだから，

$$\frac{[m]}{[n]} = [m] \times [n]^{p-2}$$

と定義すればよいのだ．これにより，$\mathbb{F}_p$ は体になる．例えば $\mathbb{F}_5$ において，

$$\frac{[2]}{[3]} = [2] \times [3]^3 = [54] = [4]$$

となる．

## j. SET 条件の方程式

カードの三つ組が SET 組となるのは，各要素の属性がすべて同じか，すべて異なる場合だった．この SET 条件を，3 元体 $\mathbb{F}_3$ を用いてどう表せるか考えてみよう．括弧 [ ] は省略して，$\mathbb{F}_3$ の元[4] を単に 0, 1, 2 と書くことにする．まずは各要素を個別に見てみよう．例えば，色の要素には赤，紫，緑の三つの属性があるが，これらを 0, 1, 2 に対応させる．属性の三つ組で，すべて同じか，すべて異なるものは，

$$\{0, 0, 0\}, \{1, 1, 1\}, \{2, 2, 2\}, \{0, 1, 2\}$$

の 4 通りある．それ以外の三つ組みは

$$\{0, 0, 1\}, \{0, 0, 2\}, \{1, 1, 0\}, \{1, 1, 2\}, \{2, 2, 0\}, \{2, 2, 1\}$$

の 6 通りある．実はこれら二つのグループを分ける簡単な方程式がある．三つ

4)　数学における「もの」の集まりである集合に対して，それに含まれる「もの」を集合の元という．

の属性を $x, y, z$ としたとき，その方程式は

$$x+y+z=0$$

となる．いくつかの場合で確認してみると，最初のグループの $\{2,2,2\}$ では，

$$2+2+2=6=0$$

（$\mathbb{F}_3$ では，3 の倍数は 0 と同じ！）となり，同じグループの $\{0,1,2\}$ でも，

$$0+1+2=3=0$$

となる．一方，二つ目のグループの $\{1,1,2\}$ では，

$$1+1+2=4=1\neq 0$$

となり，$\{2,2,1\}$ でも

$$2+2+1=5=2\neq 0$$

となり，足し合わせても 0 にはならない．

SET の 3 枚のカードを 3 元体 4 次元空間 $(\mathbb{F}_3)^4$ の 3 点だと思って，座標を用いて $(x_1, x_2, x_3, x_4), (y_1, y_2, y_3, y_4), (z_1, z_2, z_3, z_4)$ と書く．これが SET 組となるのは，方程式

$$x_i+y_i+z_i=0 \quad (i=1,2,3,4)$$

が成り立つときだ．$\mathbb{F}_3$ では $2=-1$ であることに注意して，この式を変形すると

$$z_i=-x_i-y_i=x_i+2(y_i-x_i)$$

となり，$\vec{x}=(x_1, x_2, x_3, x_4), \vec{y}=(y_1, y_2, y_3, y_4), \vec{z}=(z_1, z_2, z_3, z_4)$ とベクトル表記すると，

$$\vec{z}=\vec{x}+2(\vec{y}-\vec{x})$$

となる．$\vec{x}=\vec{x}+0(\vec{y}-\vec{x}), \vec{y}=\vec{x}+1(\vec{y}-\vec{x})$ と合わせると，SET 組は

$$\vec{x}+t\vec{v} \quad (t \in \mathbb{F}_3)$$

と書ける．これは，まさに直線のパラメータ表示で，点 $\vec{x}$ からベクトル $\vec{v}$ 方向に伸びた直線だ！

## k. SET 魔法陣

SET 組は 4 次元空間内の直線だが，直線は 1 次元の図形だ．入れ物の空間 $\mathbb{F}_3^4$ は 4 次元だから，2 次元，3 次元の図形も入るはずだ．直線の 2 次元での対応物は平面だろう．SET の 4 次元空間における平面は面白い特徴を持つカード 9 枚組になる．

3 次元ユークリッド空間 $\mathbb{R}^3$ 内の平面は一直線上にない 3 点を指定すると定まる．3 点を $\vec{x}, \vec{y}, \vec{z}$ とベクトル表記すると，この 3 点を含む平面は二つのパラメータ $s, t$ を用いて

$$\vec{x}+s(\vec{y}-\vec{x})+t(\vec{z}-\vec{x}) \quad (s \in \mathbb{R}, t \in \mathbb{R})$$

と表すことができる．

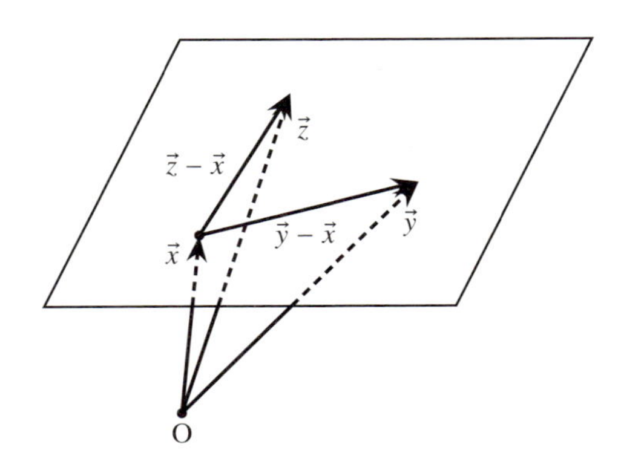


3 点 $\vec{x}, \vec{y}, \vec{z}$ を通る平面．

SET の 4 次元空間でも同じ構成で平面ができる．1 直線上にない 3 点，つまり，SET 組でないカード 3 枚組を考えよう．それらを $\vec{x}, \vec{y}, \vec{z}$ とベクトル表記すると，

$$\vec{x}+s(\vec{y}-\vec{x})+t(\vec{z}-\vec{x}) \quad (s\in\mathbb{F}_3, t\in\mathbb{F}_3)$$

は平面になる．$s, t$ がそれぞれ独立に三つの値をとるので，平面は九つの点（カード）を含む．例えば次の3点をとろう．

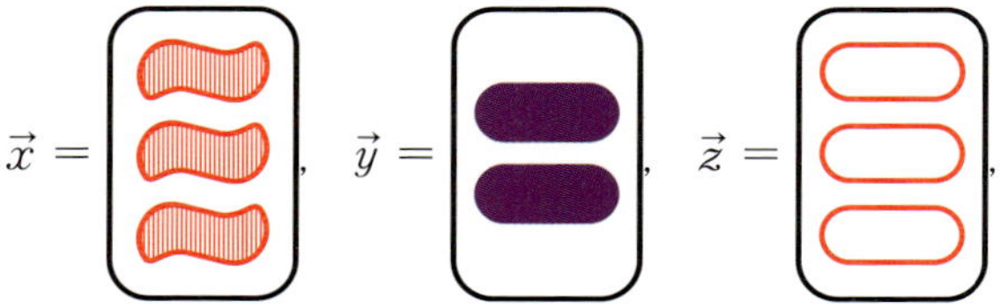

$\vec{x}=$ ，　$\vec{y}=$ ，　$\vec{z}=$ ，

この3点を通る平面は下の9枚組になる．

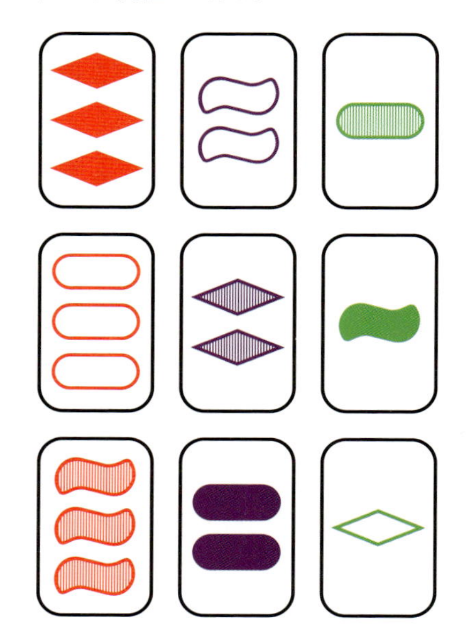

この中にはたくさんの SET 組が隠れているが，全てわかるだろうか．まず，縦の並び，横の並びがすべて SET 組になっている．また，二つの対角線も SET 組になっている．さながら魔法陣のようだ．他にも次ページのような SET 組が隠れている．

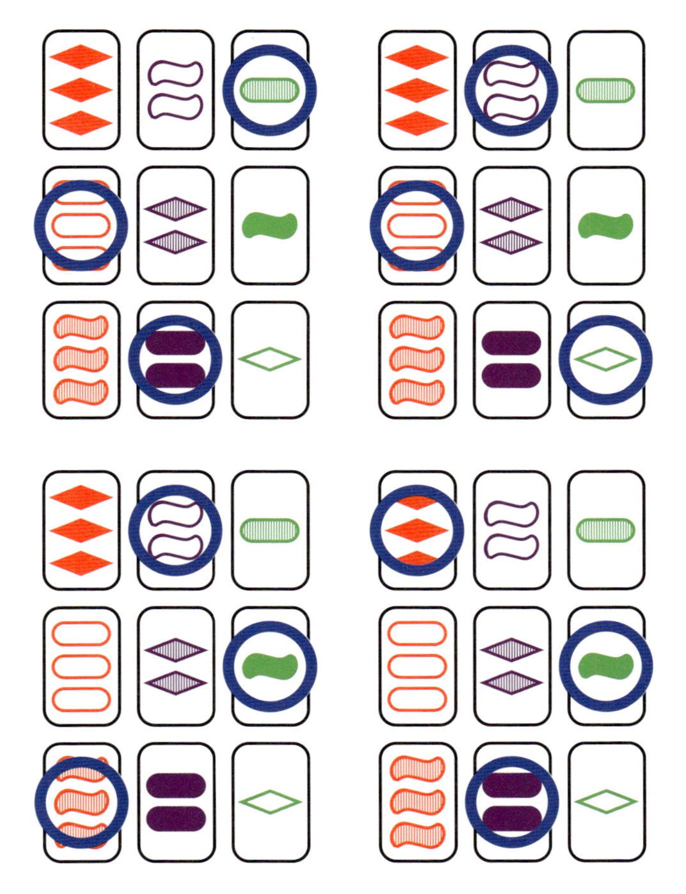

全部で 12 組の SET 組がこの平面内にある．これだけたくさんの SET 組がこの 9 枚に含まれるのは，幾何学の直感的に明らかな事実「平面内の 2 点を結ぶ直線はその平面に含まれる」ということに基づく．この 9 枚から 2 枚をどんな風に選んでも，それらと SET 組をなす 3 枚目はこの 9 枚の中から見つかる．最初の 2 枚のカードの選び方は $9\times8=72$ 通りあるので，SET 組が 72 通りできることになる．しかし，これは同じ SET 組を重複して数えている．一つの SET 組に対して，1 枚目と 2 枚目を選ぶ選び方は $3\times2=6$ 通りあるので，先ほどの数 72 は同じ SET 組を 6 回数えていることになる．したがって，正しい SET 組の数は $72/6=12$ となる．

### コラム：厳密に大雑把

一見関係なさそうな合同式とトポロジーには共通する点がある．それは，「対象を雑に捉える」という考え方だ．

私たちが日常で数を扱うとき，必要に応じて近似を用いる．200 グラムの小麦を使う料理で，小数点以下まで気にする人はあまりいないだろう．低い桁の情報を切り捨てることで，必要な情報に素早くアクセスできるようになる．合同式を考えることは，低い桁ではなく高い桁を切り落とすことに相当する．例えば

$$1634 = 4\times7^3+5\times7^2+2\times7+3$$

なので 1634 を 7 進法表記すれば 4523 となるが，7 を法とした合同式では $7^3\equiv7^2\equiv7\equiv0$ なので，

$$1634 \equiv 3 \pmod 7$$

なる．これは，7 進法表記 4523 の左の 3 桁を無視して，一番右の桁だけを見ることに相当する．$7^2=49$ を法とした合同式では，$7\not\equiv0$ だが $7^3\equiv7^2\equiv0$ なので，

$$1634 \equiv 2\times7+3 \pmod{49}$$

となり，7 進法表記の左 2 桁を無視することになる．

情報を切り捨てるのは数の大小に関することだけではない．例えば，ある人物の情報を知りたいときでも，恋愛対象として見るのか，企業の雇用者の候補として見るのか，それとも血液や臓器のドナーとして見るのか，状況によって知りたい情報が異なる．輸血用の血液を提供しに行って，腹筋が割れていないからと断られることは無いはずだ．必要ない情報まで集めていたら，キリがないし，本当に必要な情報が埋もれて取り出しにくくなる．

小学校で三角形の合同や相似を勉強する．二つの三角形が合同であるとは，平行移動，回転，裏返しなどの操作を組み合わせて二つの三角形が移りあうことを言う．これは 3 辺の長さが等しいという条件と同等だ．それに対して，二つの三角形が相似であるとは，平行移動，回転，裏返しに $r$ 倍（$r$ は正の実数）に拡大するという操作も加えて，これらの繰り返しで移りあうことである．これは，3 角の角度が等しいことと同等だ．

二つの三角形は合同ならば相似でもあるが，相似であっても合同であるとは限らないので，相似の方が合同よりも大雑把に三角形を捉えていることになる．辺の長さや面積などの情報が無視されている．トポロジーは相似よりもさらに大雑把に図形を捉え，全ての三角形は同じで，さらに円や四角形，五角形なども同じになる．トポロジーでは，辺や角，長さや面積の情報は無くなる．円にはそもそも辺も角もない．では図形の何を調べられるのだろうか．トポロジーにおいても調べられる量の一つが第 8 章に登場するオイラー数だ．

合同式やトポロジーは数や図形を，大雑把に計算するための厳密な方法なのだ．

第4章

# ライツアウト

## デジタル線形代数

### a. 光のパズルゲーム

ライツアウト（lights out）は5×5の格子状に並んだライトを全て消灯させることを目標とするパズルゲームだ．それぞれのライトはボタンになっていて，押すとそのライトと上下左右に隣接するライトのオン・オフが反転する．一部のライトが点灯した初期状態からスタートして，ボタンを何度も押して，最終的にすべてのライトを消せばゴールとなる．

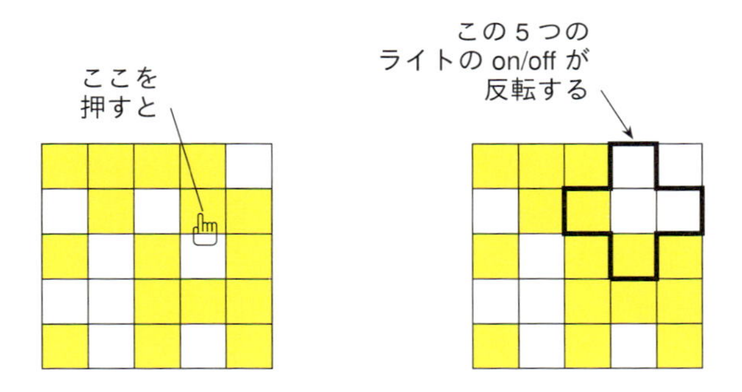


日本ではタカラ（現タカラトミー）から販売されていたが，現在はもう販売されていないようだ．しかし，インターネット上にブラウザで遊べる同様のゲームがある．以下のサイトは，いずれも英語のサイトだが，ゲームを遊ぶには簡単な英語しか必要ない．最後の二つはFlashを使用するので，ブラウザによっては許可を求められたり，プラグインをインストールする必要があるだろう．

- Logic Games Online：http://www.logicgamesonline.com/lightsout/
- NeoK12：http://www.neok12.com/games/lights-out/lights-out.htm
- Addicting Games（Flash使用）：
  http://www.addictinggames.com/puzzle-games/lightsout.jsp

- TurtleDiary.com（Flash使用）：
  https://www.turtlediary.com/game/lights-out-puzzle.html

ゲームにはいろんなバリエーションがある．5×5ではなく，もっと大きいものや小さいもの，押したところは反転せず隣接したライトだけ反転するもの，6角形のマスを並べたもの，ライトがオンとオフの二つの状態だけでなく，三つ以上の状態（色の違いで表現）が移り変わるものなどなど，たくさんある．

また，ライツアウトとトポロジーの要素を併せ持った日本発のゲームがある．「領域選択ゲーム」と名付けられたそのゲームは，トポロジーの中でも結び目理論という分野に由来する．『結び目理論とゲーム：領域選択ゲームでみる数学の世界』（河内明夫，岸本健吾，清水理佳 著，朝倉書店，2013）に数学的背景から説明されている．ゲームは下記ウェブサイトで遊ぶことができる．

http://www.sci.osaka-cu.ac.jp/math/OCAMI/news/gamehp/gametop.html

また同名のAndroidのアプリにもなっている．

本章ではライツアウトを数学的に解析してみよう．前章で導入した有限体$\mathbb{F}_p$と大学1年で習う線形代数が活躍する．

## b. デジタル表現

何度かボタンを押した後に，あるライトが初期状態から反転しているかどうかは，そのライトとそれに隣接するライトが合計何回押されたかで決まる．奇数回押されれば反転し，偶数回なら反転せず初期状態と同じままだ．このことから，以下のことがわかる．

- 2回以上同じボタンを押しても無意味．各ボタンを押す回数は1回か0回のどちらかでよい．
- ボタンをどの順番で押すかは関係ない．

したがって，ゲームを解くには，25個あるボタンのうち，どれを押せばよいかを見つければよいことになる．もちろん，実際のゲームでは試行錯誤しながらパズルを解いていたら，同じボタンを複数回押すこともあるだろう．しかし，どのボタンを何回押すかを記録しておけば，ゲームを解いた後で，もう一度同じゲームを，各ボタンを高々1回しか押さずにクリアすることができる．

ライトの状態を数学的に表現する必要がある．まず，ライトの場所に番号を振る．左上の隅を1とし，右に向かって2,3,4,5と増えていき，6は一つ下の一番左，最後に右下の隅を25とする．

| | | | | |
|---|---|---|---|---|
| 1 | 2 | 3 | 4 | 5 |
| 6 | 7 | 8 | 9 | 10 |
| 11 | 12 | 13 | 14 | 15 |
| 16 | 17 | 18 | 19 | 20 |
| 21 | 22 | 23 | 24 | 25 |

場所に番号を振る．

そして，ライトのオン・オフ状態をデジタル表現しよう．オンを1，オフを0で表すことにする．そして，1番から25番のライトの状態を0,1で表したものを横1列に並べたベクトルで表す．見やすいように，5個ずつコンマで区切る．

(00011, 01010, 00000, 10100, 01111)

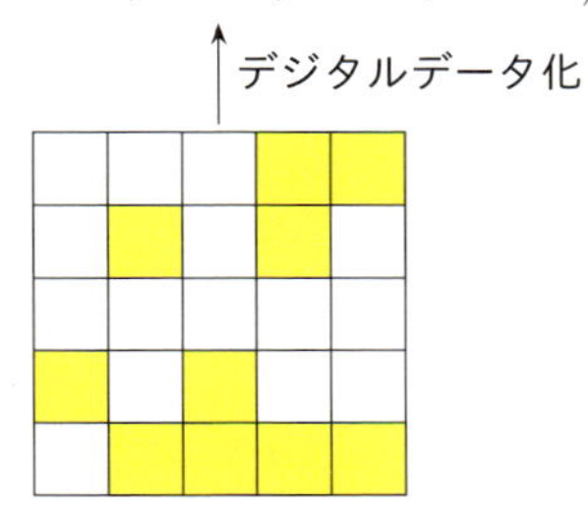


ここに出てくる0と1は2元体 $\mathbb{F}_2$（有限体 $\mathbb{F}_p$ については第3章を参照のこと）の元だと思うと都合がよい．特に，

$$0+1=1$$
$$1+1=0$$

が成り立ち，1を足すと0は1に，1は0になり状態がひっくり返る．もちろん，0を足しても状態は変わらない．例えば

$$B=(10111, 11000, 01110, 10101, 11111)$$

というベクトルで表されるライトの状態$B$から1番のボタンを押すと，1, 2, 6番目の位置にある0, 1が反転する．これはベクトル

$$A_1=(11000, 10000, 00000, 00000, 00000)$$

を状態$B$に足すことに相当し，ボタンを押した後の状態は

$$B+A_1=(01111, 01000, 01110, 10101, 11111)$$

になる．2番のボタンを押したときは，1, 2, 3, 7番目の位置にある0, 1が反転するので，

$$A_2=(11100, 01000, 00000, 00000, 00000)$$

というベクトルを足すことになり，さらに，状態$B$から1番と2番のボタンを押すと$B+A_1+A_2$になる．同じようにベクトル$A_3=(a_{3,1}\quad a_{3,2}\quad \cdots\quad a_{3,25})$から$A_{25}=(a_{25,1}\quad a_{25,2}\quad \cdots\quad a_{25,25})$までを定め，どのボタンを押すかをベクトル

$$X=(x_1\quad x_2\quad \cdots\quad x_{25})$$

で表すことにしよう．$i$番目のボタンを押す場合は$x_i=1$，押さない場合は$x_i=0$とする．ベクトル$X$で決められたボタンを押していくと，初期状態$B=(b_1\quad b_2\quad \cdots\quad b_{25})$は

$$\begin{aligned}&x_1A_1+x_2A_2+\cdots+x_{25}A_{25}+B\\&\quad=(x_1a_{1,1}+x_2a_{2,1}+\cdots+x_{25}a_{25,1}+b_1\quad x_1a_{1,2}+x_2a_{2,2}+\cdots+x_{25}a_{25,2}+b_2\quad \cdots)\end{aligned}$$

に移る．ここで，$x_iA_i$はベクトル$A_i$の$x_i$倍を表すものとする．つまり，$O$で零ベクトル$(0\quad 0\quad \cdots\quad 0)$を表すことにすると，$x_i=0$のときは$x_iA_i=O$，$x_i=1$のときは$x_iA_i=A_i$となる．結局ライツアウトを解くことは与えられた初期状態$B$に対して方程式

$$x_1A_1+x_2A_2+\cdots+x_{25}A_{25}+B=O \tag{4-1}$$

を満たす$X=(x_1\quad x_2\quad \cdots\quad x_{25})$を求めるゲームになる．より標準的な方程式

の形にするために，両辺に$B$を足して変形しよう．2 元体 $\mathbb{F}_2$ においては $1+1=2=0$ となるので，$B+B=2B=O$ が成り立つ．したがって，方程式は次の形になる．

$$x_1A_1+x_2A_2+\cdots+x_{25}A_{25}=B$$

この方程式は下の連立方程式と同じことだ．

$$\begin{aligned}
a_{1,1}x_1+a_{2,1}x_2+\cdots+a_{25,1}x_{25} &= b_1\\
a_{1,2}x_1+a_{2,2}x_2+\cdots+a_{25,2}x_{25} &= b_2\\
&\vdots\\
a_{1,25}x_1+a_{2,25}x_2+\cdots+a_{25,25}x_{25} &= b_{25}
\end{aligned} \tag{4-2}$$

この方程式には，$x_1^2, x_1x_3x_7, x_2^3x_4$ のように変数を二つ以上掛けた 2 次以上の項がないので，連立 1 次方程式と呼ばれる．変数と式の個数が多く，実数体 $\mathbb{R}$ の代わりに 2 元体 $\mathbb{F}_2$ を考えることを除くと，中学で習う簡単な数学の問題になった．

## c. 行列と掃き出し法

ほとんどの理系大学生が 1 年次にとる必修の数学科目が微分積分と線形代数だ．微分積分は高校で習う微分積分をさらに発展させ，多変数関数の微分積分を扱う．多変数関数とは $f(x,y,z)=x^2+y^3+z^4$ のように変数が二つ以上ある関数のことだ．もう一方の線形代数では，行列を使って連立 1 次方程式を解くのが主要トピックの一つとなる．そこで用いる解法はガウスの消去法や掃き出し法などと呼ばれる．ただ，通常は実数における方程式，つまり係数も解も実数になるものを扱うが，上で見たような 2 元体 $\mathbb{F}_2$ における方程式でも基本的に解法は同じになる．体であればなんでもよい．

掃き出し法の基本的なアイデアは中学で習う連立 1 次方程式のものと同じで，「変数を減らして式を簡単にしていく」というものだ．しかし，ライツアウトの方程式のように変数と式が多いと，システマティックな解法を用いないと混乱してしまい，なかなか解にたどり着かない．また，手計算では大変なのでコンピュータにやらせるとしたら，解く手順をコンピュータに載せられるように，あいまいさのない形で記述する必要がある．つまり連立 1 次方程式の解法をアルゴリズムにする必要がある．

体は何でもいいと書いたが，まずは皆が慣れ親しんでいる実数体 $\mathbb{R}$ を考えよう．最初に,「行列」を使って方程式から余分な情報をそぎ落とそう．例えば

$$3x-5y=-6 \tag{4-3}$$
$$x+2y=1 \tag{4-4}$$

という連立方程式を考える．この方程式を決定しているのは $x, y$ の前についている係数と $-6, +1$ の定数項である．変数名 $x, y$ は重要ではなく，代わりに，$a, b$ でも $s, t$ でも，甲，乙でも何でもいい．そこで，係数と定数項だけを取り出して，以下のように並べたものを，この連立1次方程式の拡大係数行列（拡大とは定数項の情報も含めているという意味）と言う．

$$\begin{pmatrix} 3 & -5 & -6 \\ 1 & 2 & 1 \end{pmatrix} \tag{4-5}$$

このように縦横に数を並べ括弧で挟んだものを行列と呼ぶ．

行列において，横の並びを行，縦の並びを列と言う．上の行列では，第1行が $(3\ \ -5\ \ -6)$ で第2行が $(1\ \ 2\ \ 1)$ となる．各行はベクトル（32ページの脚注）と見なすことができ，ベクトルの演算，ベクトル同士の足し算や，実数 $r$ によるベクトルの $r$ 倍などができる．掃き出し法は，以下の基本変形と呼ばれる三つの変形を繰り返す．これらの変形は対応する連立1次方程式を同値なままに保つ．

**掃き出し法における行列の基本変形：**

**1.　二つの行の場所を入れ換える．**

行列の行の入れ換えは連立方程式の式の順番を入れ換えることに相当する．当然，入れ換える前後の連立方程式は同等である．

**2.　一つの行を0でない実数 $r$ により $r$ 倍する．**

これは一つの式を $r$ 倍することに相当するが，$1/r$ 倍すれば元に戻るので，やはり変形の前後で対応する連立方程式は同値である．

**3. 一つの行の $r$ 倍を別の行に加える.**

これは連立1次方程式を解くときに変数を消去するために式を何倍かしたものを足し合わせるという操作に対応する．たとえば，(4-5) において第2行の2倍を第1行に加えると，

$$\begin{pmatrix} 5 & -1 & -4 \\ 1 & 2 & 1 \end{pmatrix} \tag{4-6}$$

となる．(4-6) の第1行に対応する式は (4-5) の二つの式から導かれるので，(4-5) の式が成り立てば，(4-6) の式が成り立つ．(4-6) の第2行の $-2$ 倍を第1行に加えると (4-5) を回復するので，(4-6) の式が成り立てば (4-5) の式も成り立つ．したがって，(4-5) と (4-6) は同値になる．

拡大係数行列に上記の基本変形1, 2, 3を，掃き出し法のアルゴリズムに従って繰り返し，よりわかりやすい行列に少しずつ変えていく．最終的には，対応する方程式が見ただけですぐ答えがわかるような自明なものにすることができる．元々解きたかった方程式と，得られた自明な方程式は同値なので，自明な方程式の解が，元の方程式の解にもなっている．このようにして，どんなに複雑な連立1次方程式もアルゴリズムに従って計算していけば解けるというのが掃き出し法である．

例えば，行列 (4-5) は下の行列に変形できる．

$$\begin{pmatrix} 1 & 0 & -\dfrac{7}{11} \\ 0 & 1 & \dfrac{9}{11} \end{pmatrix}$$

これは

$$1x+0y = -\frac{7}{11} \tag{4-7}$$

$$0x+1y = \frac{9}{11} \tag{4-8}$$

という方程式に対応するが，これは方程式というより，$x=-\frac{7}{11}, y=\frac{9}{11}$ という解そのものを表している．(4-7) では $y$ の係数が0，(4-8) では $x$ の係数が0

となり，各式では片方の変数が消去され実質，1変数の式になっている．これが，消去法と呼ばれる所以である．

この例では，2式連立，2変数の方程式を扱った．このように小規模な方程式であれば，行列や基本変形などの新しい表記法や用語をわざわざ導入せずとも，高校までに習うやり方で苦労せずに解くことができる．しかし，ライツアウトを解くのに必要なのは25式連立，25変数の方程式だ．このように大規模な方程式を解く場合には，掃き出し法という，より系統立てられた手法が必要になる．だとしても，本質的には新しいアイデアはなく，大学数学といっても大したことないと思うかもしれない．行列と掃き出し法は，アラビア数字と筆算を用いた小学校で習う足し算や掛け算の計算に似ている．アラビア数字の位取り記法の登場以前は，大きな数の足し算，掛け算は非常に骨の折れる作業だったはずだが，位取り記法の登場で劇的に計算効率が上がった．

掃き出し法では，変数消去のため，行列内にたくさんの0を作り出す必要があるが，そこで実数全体の集合 $\mathbb{R}$ が四則演算のできる体であることが効いてくる．同じ列（縦の並び）にともに0でない数 $a$ と $b$ があるとする．この $b$ を0にするには，$a$ のある行の $-b/a$ 倍を $b$ のある行に足すという基本変形を施せばよい．実数でなくても体であれば同じことができる．例えば係数と定数項が全て $p$ 元体 $\mathbb{F}_p$ の元であるような方程式も同じように，$\mathbb{F}_p$ の元を並べた行列を変形していき，$\mathbb{F}_p$ の中の解を求めることができる．

## d. 2×2 ライツアウトを解く

やはり25変数，25式連立の方程式を手計算で解くのは大変なので，ミニチュア版の2×2ライツアウトを考え，上述の方法で実際に方程式を解いてみよう．2×2ライツアウトではライトの場所の番号付けを下のようにする．

| 1 | 2 |
|---|---|
| 3 | 4 |

1を押すと，1, 2, 3のライトが反転するのでベクトル $A_1$ は

$$A_1 = (1\ 1\ 1\ 0)$$

となる．同様に，

$$A_2 = (1\ 1\ 0\ 1)$$
$$A_3 = (1\ 0\ 1\ 1)$$
$$A_4 = (0\ 1\ 1\ 1)$$

となる．解くべき方程式は

$$\begin{aligned} 1x_1+1x_2+1x_3+0x_4 &= b_1 \\ 1x_1+1x_2+0x_3+1x_4 &= b_2 \\ 1x_1+0x_2+1x_3+1x_4 &= b_3 \\ 0x_1+1x_2+1x_3+1x_4 &= b_4 \end{aligned}$$

である．$B=(b_1\quad b_2\quad b_3\quad b_4)$ は初期状態を表すベクトルで，$X=(x_1\quad x_2\quad x_3\quad x_4)$ はどのボタンを押すかを表すベクトルである．そして，上の方程式が成り立つとき，初期状態 $B$ から $X$ の通りにボタンを押すとライトがすべて消える．

この連立方程式の拡大係数行列は下のようになる．

$$\begin{pmatrix} 1 & 1 & 1 & 0 & b_1 \\ 1 & 1 & 0 & 1 & b_2 \\ 1 & 0 & 1 & 1 & b_3 \\ 0 & 1 & 1 & 1 & b_4 \end{pmatrix}$$

この行列に対し基本変形を繰り返すのだが，2 元体 $\mathbb{F}_2$ の特殊事情から計算が簡単になることに注意しておく．まず，0 でない元は 1 だけであり，1 倍しても何も変わらないので，基本変形にある「$r$ 倍する」操作が必要なくなる．また，同じ数を二つ足すと 0 になることや，

$$+1 = -1$$

なので，プラスとマイナスの区別がないことにも注意しておく．具体的に行う基本変形は以下の通りである．

$$\begin{pmatrix} 1 & 1 & 1 & 0 & b_1 \\ 1 & 1 & 0 & 1 & b_2 \\ 1 & 0 & 1 & 1 & b_3 \\ 0 & 1 & 1 & 1 & b_4 \end{pmatrix}$$

↓　第2行に第1行を足す

$$\begin{pmatrix} 1 & 1 & 1 & 0 & b_1 \\ 0 & 0 & 1 & 1 & b_1+b_2 \\ 1 & 0 & 1 & 1 & b_3 \\ 0 & 1 & 1 & 1 & b_4 \end{pmatrix}$$

↓　第3行に第1行を足す

$$\begin{pmatrix} 1 & 1 & 1 & 0 & b_1 \\ 0 & 0 & 1 & 1 & b_1+b_2 \\ 0 & 1 & 0 & 1 & b_1+b_3 \\ 0 & 1 & 1 & 1 & b_4 \end{pmatrix}$$

↓　第2, 3行を入れ換える

$$\begin{pmatrix} 1 & 1 & 1 & 0 & b_1 \\ 0 & 1 & 0 & 1 & b_1+b_3 \\ 0 & 0 & 1 & 1 & b_1+b_2 \\ 0 & 1 & 1 & 1 & b_4 \end{pmatrix}$$

↓　第1行に第2行を足す

$$\begin{pmatrix} 1 & 0 & 1 & 1 & b_3 \\ 0 & 1 & 0 & 1 & b_1+b_3 \\ 0 & 0 & 1 & 1 & b_1+b_2 \\ 0 & 1 & 1 & 1 & b_4 \end{pmatrix}$$

↓　第4行に第2行を足す

$$\begin{pmatrix} 1 & 0 & 1 & 1 & b_3 \\ 0 & 1 & 0 & 1 & b_1+b_3 \\ 0 & 0 & 1 & 1 & b_1+b_2 \\ 0 & 0 & 1 & 0 & b_1+b_3+b_4 \end{pmatrix}$$

↓　第1行に第3行を足す

$$\begin{pmatrix} 1 & 0 & 0 & 0 & b_1+b_2+b_3 \\ 0 & 1 & 0 & 1 & b_1+b_3 \\ 0 & 0 & 1 & 1 & b_1+b_2 \\ 0 & 0 & 1 & 0 & b_1+b_3+b_4 \end{pmatrix}$$

↓　第 4 行に第 3 行を足す

$$\begin{pmatrix} 1 & 0 & 0 & 0 & b_1+b_2+b_3 \\ 0 & 1 & 0 & 1 & b_1+b_3 \\ 0 & 0 & 1 & 1 & b_1+b_2 \\ 0 & 0 & 0 & 1 & b_2+b_3+b_4 \end{pmatrix}$$

↓　第 2 行に第 4 行を足す

$$\begin{pmatrix} 1 & 0 & 0 & 0 & b_1+b_2+b_3 \\ 0 & 1 & 0 & 0 & b_1+b_2+b_4 \\ 0 & 0 & 1 & 1 & b_1+b_2 \\ 0 & 0 & 0 & 1 & b_2+b_3+b_4 \end{pmatrix}$$

↓　第 3 行に第 4 行を足す

$$\begin{pmatrix} 1 & 0 & 0 & 0 & b_1+b_2+b_3 \\ 0 & 1 & 0 & 0 & b_1+b_2+b_4 \\ 0 & 0 & 1 & 0 & b_1+b_3+b_4 \\ 0 & 0 & 0 & 1 & b_2+b_3+b_4 \end{pmatrix}$$

これより求める解は

$$(x_1 \quad x_2 \quad x_3 \quad x_4) = (b_1+b_2+b_3 \quad b_1+b_2+b_4 \quad b_1+b_3+b_4 \quad b_2+b_3+b_4)$$

となる．例えば，1 番目と 3 番目のライトがオフで他がオンのとき，初期状態を表すベクトルは $(b_1 \quad b_2 \quad b_3 \quad b_4)=(0 \quad 1 \quad 0 \quad 1)$ なので，$(x_1 \quad x_2 \quad x_3 \quad x_4) =(1 \quad 0 \quad 1 \quad 0)$ となり，1 番目と 3 番目のボタンを押せばよい．

## e. 解なし

数学の試験問題には正解が用意されている．「答えは常に唯一つ」であることが，数学の美徳として語られることも多い．しかし，たまに（多くは問題を作成した教師のミスで）解がない数学の試験問題というのもある．余談だが，筆者が高校の期末試験（数学ではなく物理だったが）で，解がないことを証明し，学年で一人だけ正解になったことは，誇らしい経験としてよく覚えている．

連立1次方程式の解を求めるという問題にも，解がないこともあれば，複数解があることもある．

$$x+y=1$$

という方程式には，$(x,y)=(0,1),(1,0),(2,-1),\cdots$ など無数に解があるし，

$$\begin{aligned} x+y&=1\\ x+y&=2 \end{aligned}$$

という連立方程式には解がない．掃き出し法の偉いところは，解があるかないか，ある場合は一つだけか複数あるか，複数ある場合はどれぐらい沢山あるかについても答えられる点にある．掃き出し法アルゴリズムに与えられた方程式の拡大係数行列を入力し，出力として得られる行列の形を見ることで，簡単にこれらの問いに答えることができる．

ライツアウトを解くには，b節の連立方程式（4-1）を解く必要があった．前節で見たように，2×2 ライツアウトの場合には方程式を解くと唯一つの解が導かれたので，ライツアウトのパズルの解き方も常にちょうど一つだけあることになる．しかし，他のサイズのライツアウトでは，こうなるとは限らない．特に，オリジナルのサイズ 5×5 では，こうならないのだ．次節では，これを掃き出し法とは少し違う角度から見てみよう．

## f. 25＝23＋2

大学1年次の前半に線形代数の授業では，行列の計算や掃き出し法による連立1次方程式の解法を中心に学ぶ．これらは線形代数の計算的側面である．後半には，より理論的側面を学ぶ．そこでのキーワードとして，ベクトル空間，部分空間，線形写像を挙げることができる．

$n$ 次元ユークリッド空間 $\mathbb{R}^n$ をベクトルの集合と見るとき，ベクトル空間と呼ぶ．しかし，$\mathbb{R}^n$ の点 $(v_1 \quad v_2 \quad \cdots \quad v_n)$ を状況に応じて，座標 $(v_1 \quad v_2 \quad \cdots \quad v_n)$ の点と思ったり，原点から点 $(v_1 \quad v_2 \quad \cdots \quad v_n)$ まで矢印を伸ばしたベクトルと思ったりと，二つの見方を使い分けると便利である．ベクトルの計算で

は，スカラー倍と足し算という2種類の演算が基本となる．スカラーとはベクトルや行列と対比して，通常の数のことを言う．ベクトル $V=(v_1 \quad v_2 \quad \cdots \quad v_n)$ にスカラー $c$ を掛けると $cV=(cv_1 \quad cv_2 \quad \cdots \quad cv_n)$ になるが，これがベクトルのスカラー倍だ．幾何学的には，矢印の向きを保ったまま（$c<0$ の場合は向きを反転する），長さを $c$ 倍することに対応する．ただし，足し算は単純に

$$(v_1 \quad v_2 \quad \cdots \quad v_n)+(w_1 \quad w_2 \quad \cdots \quad w_n) = (v_1+w_1 \quad v_2+w_2 \quad \cdots \quad v_n+w_n)$$

という演算である．幾何学的には，$V$ と $W$ から作る平行四辺形の対角線をとる操作になる．

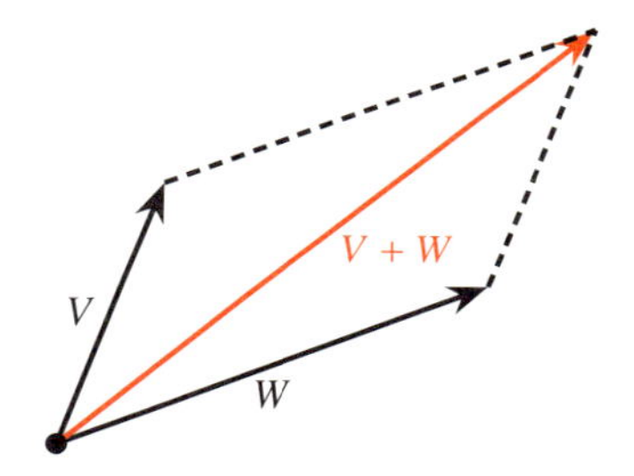


$\mathbb{R}^n$ の複数のベクトル $V_1, V_2, \cdots, V_l$ からスカラー倍（スカラーは何を使ってもよい）と足し算で作られるベクトル，つまり，

$$c_1 V_1+c_2 V_2+\cdots+c_l V_l \quad (c_1, c_2, \cdots, c_l \text{ はスカラー（実数）})$$

という形のベクトルを $V_1, V_2, \cdots, V_l$ の1次結合と言う．$V_1, V_2, \cdots, V_l$ の1次結合全体が作る $\mathbb{R}^n$ の部分集合を $V_1, V_2, \cdots, V_l$ が張る部分空間と言い，$\langle V_1, V_2, \cdots, V_l\rangle$ という記号で表す．

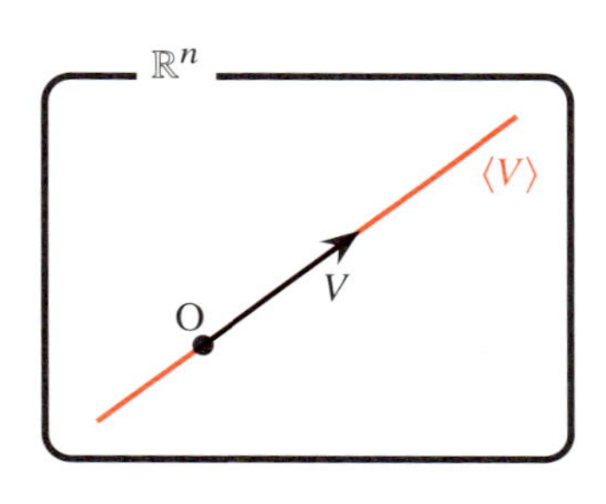

ベクトルが一つだけのとき，ベクトル $V$ の1次結合とは $V$ のスカラー倍に他ならない．したがって，$V$ が零ベクトル $O=(0 \quad 0 \quad \cdots \quad 0)$ である特殊な場合を除き，$V$ が張る部分空間 $\langle V \rangle$ は $V$ 方向に伸びた原点 $O=(0 \quad 0 \quad \cdots \quad 0)$ を通る直線になる．たとえば，$cV$ と実数 $c$ を対応されることで，この直線を $n$ 次元空間 $\mathbb{R}^n$ に埋め込まれた数直線 $\mathbb{R}$ と思える．

次に，二つのベクトルで張られる部分空間 $\langle U, V \rangle$ は，どうなるだろうか．結論から言うと，$U, V$ のどちらかが零ベクトルになったり，二つのベクトルが原点を通る同一直線上にのっていたりするような特別な状況を除けば，原点を通る平面になる．

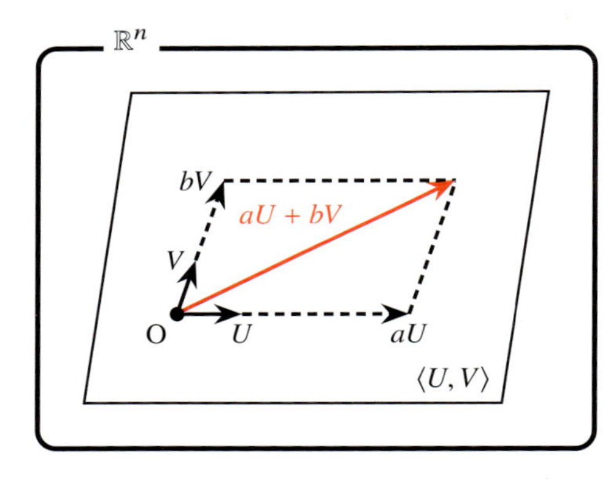


$U$ 方向の原点を通る直線が $x$ 軸で，$U$ を $x$ 座標が1の点とし，同様に $V$ 方向の原点を通る直線が $y$ 軸で，$V$ を $y$ 座標が1の点として，（斜交）座標を入れることでユークリッド平面 $\mathbb{R}^2$ が $\mathbb{R}^n$ に埋め込まれたものと見ることができる．

一般には $\mathbb{R}^n$ の部分空間は原点を含む「まっすぐ」もしくは「平ら」な $m$ 次元 $(0 \leqq m \leqq n)$ の空間になり，$\mathbb{R}^m$ が $\mathbb{R}^n$ に埋め込まれたものと見なすことができる．部分空間が $s$ 個のベクトル $V_1, V_2, \cdots, V_s$ で張られる場合，部分空間の次元は高々 $s$ である．$s \leqq n$ のとき，$s$ 個のベクトルをランダムに選べば，それらが張る部分空間は確率1で $s$ 次元になる．

ここで，実数体 $\mathbb{R}$ を2元体 $\mathbb{F}_2$ で置き換えて，「$5 \times 5$ ライツアウトの全ての初期配置のうち，解ける配置はどれぐらいあるか」という問題に応用しよう．線形代数では，どの体を考えても大体同じことが成り立つので，上で見た部分空間に関する事を大胆に $\mathbb{F}_2$ の場合にも適用していく．以前に見た，下の方程式（4-1）を思い出そう．

$$x_1A_1+x_2A_2+\cdots+x_{25}A_{25}=B$$

この式が成り立つとき，初期配置 $B=(b_1\quad b_2\quad\cdots\quad b_{25})$ は解法 $X=(x_1\quad x_2\quad\cdots\quad x_{25})$ により解くことができる．上式の左辺を見ると，ベクトル $A_1, A_2, \cdots, A_{25}$ の1次結合になっている．したがって，初期配置 $B$ が解けるのは，ベクトル $B$ が $A_1, A_2, \cdots, A_{25}$ の1次結合になっているとき，つまり，点 $B$ が部分空間 $\langle A_1, A_2, \cdots, A_{25}\rangle$ に含まれるときだ．この部分空間が $m$ 次元だとすると，$(\mathbb{F}_2)^m$ と同じになり，特に部分空間の点の個数は $2^m$ 個になる．つまり，解くことができる初期配置は $2^m$ 通りあることにある．

この部分空間の次元はいくつだろうか．25個のベクトルで張られているので25次元になってくれれば話は簡単だったのだが，そうはならないのだ．次元を決定するには，結局，掃き出し法を使って，b節最後の方程式（4-2）を解く必要がある．コンピュータに掃き出し法を実行させると，部分空間 $\langle A_1, A_2, \cdots, A_{25}\rangle$ は23次元であることがわかる．まとめると，$2^{25}=33{,}554{,}432$ 個の初期配置のうち，解けるものは $2^{23}=8{,}388{,}608$ 個となる．

解ける配置がどれぐらいあるかはわかった．では，解ける場合に，解法はいくつあるだろうか．これも掃き出し法でわかるが，幾何学的に説明したい．解法 $X=(x_1\quad x_2\quad\cdots\quad x_{25})$ も $(\mathbb{F}_2)^{25}$ のベクトルである．$(\mathbb{F}_2)^{25}$ のベクトル $X=(x_1\quad x_2\quad\cdots\quad x_{25})$ を $(\mathbb{F}_2)^{25}$ のベクトル $x_1A_1+x_2A_2+\cdots+x_{25}A_{25}$ に送る写像 $h$ を考えよう．

$$h:(\mathbb{F}_2)^{25}\rightarrow(\mathbb{F}_2)^{25},\quad (x_1\quad x_2\quad\cdots\quad x_{25})\mapsto x_1A_1+x_2A_2+\cdots+x_{25}A_{25}$$

これはベクトル空間の間の線形写像というものになっている．写像 $h$ によるベクトルの行き先全体を $h$ の像と言い，$\mathrm{Im}(h)$ と書く．これは，ちょうど部分空間 $\langle A_1, A_2, \cdots, A_{25}\rangle$ になる．つまり，写像 $h$ は25次元空間を23次元空間に圧縮する．$h$ で $O$ に送られるベクトル全体を $h$ の核と言い，$\mathrm{Ker}(h)$ と書くが，これは部分空間になる．線形写像について重要なのが次の次元公式だ．

**線形写像の次元公式：ベクトル空間 $M, N$ の間の線形写像 $f:M\rightarrow N$ について，**

**次の等式が成り立つ.**

$$M \text{ の次元} = \mathrm{Im}(f) \text{ の次元} + \mathrm{Ker}(f) \text{ の次元}$$

この公式から $\mathrm{Ker}(h)$ の次元は $25-23=2$ 次元であることがわかる．これは線形写像 $h$ が2次元分潰すことを意味している．より正確に言うと，写像 $h$ でベクトル $X$ がベクトル $B$ に送られるとき，他の三つのベクトル $X', X'', X'''$ も同じベクトル $B$ に送られる．$B$ に送られるのは，ちょうどこの四つのベクトル $X, X', X'', X'''$ で，これらは2次元空間 $(\mathbb{F}_2)^2$ と見なせる．この2次元空間が1点 $B$ に潰れているのだ．したがって，解ける配置には，解き方はちょうど四つあることになる．写像 $h$ を図示すると下のようになる．

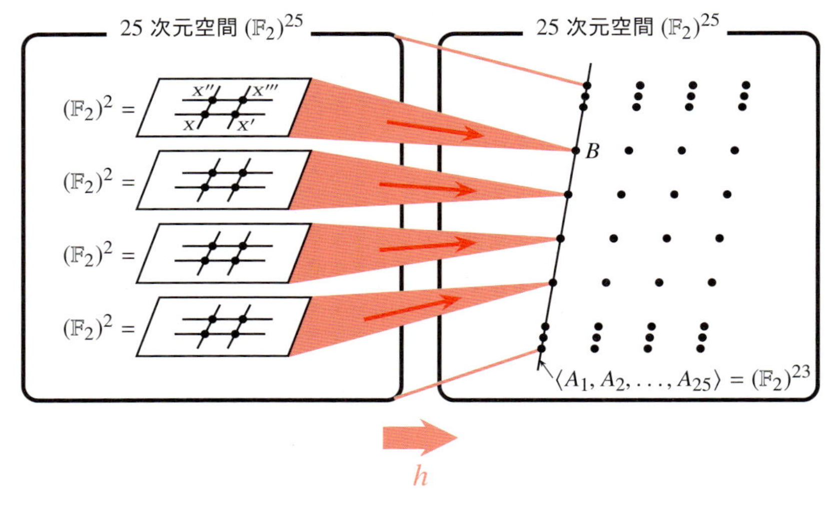


このように2元体 $\mathbb{F}_2$ と線形代数により，ライツアウトというゲームを数学的に解析し，例えば，パズルの解法を（全て）求めることができる．

## コラム：大学数学の躓きどころ

4月になると，受験に合格した新入生たちが期待に胸を膨らませて大学へやってくる．春休みで学生が減った3月から，キャンパスの雰囲気が一変する．微分積分か線形代数など1年生向け科目の初回の講義では，受講生たちは少しの緊張と新しいことを学ぶ意欲をたたえている．残念ながら，当初の意欲を持ち続けられる学生はそう多くはなく，一部の学生は完全に授業についていけなくなってしまう．

原因は，教師の教え方が悪い，バイトやサークルで忙しいなどいろいろ考えられるが，高校までの数学と大学の数学の違いにも一因がありそうだ．高校までの数学が計算により答えを求めることが中心だが，大学では論理と証明の割合が大きくなってくる．工学部の応用寄りの学科には，なるべく計算の割合を増やすようにするが，論理と証明を完全に避けるわけにはいかない．そうすると，理論の適用範囲が著しく狭まってしまう．数学科では，半分以上が論理と証明になってしまう．

学生が躓きやすいところがいくつかある．最近はやらないことが多くなったが，微分積分において関数の連続性を厳密に定義するイプシロン・デルタ論法には，多くの学生が苦しんだ．関数 $y=f(x)$ が $x=a$ で連続であることを，高校では「$x$ が $a$ に限りなく近づくとき，$f(x)$ が限りなく $f(a)$ に近づく」ことだと定義する．この定義は，限りなく近づくという物理的直感に頼っていて厳密ではない．イプシロン・デルタ論法を使った厳密な定義では，「任意の正数 $\varepsilon$ に対し，ある正数 $\delta$ が存在し，$|x-a|<\delta$ を満たす全ての $x$ に対し，$|f(x)-f(a)|<\varepsilon$ が成り立つ」ことだと定義する．

線形代数では，抽象的ベクトル空間の理解でつまずく学生が多い．ベクトルとはデジタル大辞泉によると，第1の意味は「大きさと向きをもつ量」で，第2に「ベクトル空間の要素である元（げん）」とある．第1の意味が高校までで習うベクトルで，第2の意味が大学で新しく習うものだ．従来の意味では，ベクトル全体の集合がベクトル空間だが，抽象ベクトル空間では，先にベクトル空間を定義して，その元がベクトルであるとする．発想の転換が必要となる（発想を転換して定義しなおすのは，数学でよく行われる）．

線形代数はとても大事なので，数学科では2年次にも，より進んだ内容の線形代数の講義をやる大学が多い．その講義では，与えられたベクトル空間から双対空間や商空間という新しいベクトル空間を構成する方法を学ぶのだが，これらは「関数のなすベクトル空間」，「同値関係（第3章h節）で割ってできるベクトル空間」であり，関数や同値なグループがベクトルになる．「大きさと向きを持つ量」には全く見えないものをベクトルと見なすのは中々心理的抵抗が大きいようだ．

これは個人的な意見で，統計データを持っているわけではないが，大学に入って急に論理的思考力が伸びることはあまりないように思う．小中高校で，科目にかかわらず，知識を一方的に与えるのではなくて，もう少し論理的に考える機会が増えるといいように思う．

第5章

# ドブル

## 有限の中の無限

### a. パーティーにうってつけ

カルタやUNOなど，みんなで盛り上がるカードゲームはパーティーに欲しいアイテムだが，本章で紹介するドブル（日本語版販売元：ホビージャパン）もそのようなカードゲームの新顔だ．2009年にフランスで発売されたこのゲームでは，前の章で紹介したSETゲームやトランプ・ゲームの「スピード」と同じように，観察力と反射神経を競う．アメリカでは「Spot It！」の名前で発売されヒットした．ドブルでは55枚のカードを用いる．各カードには8個のマークが描かれている．そして，ゲームを成立させるのに必要不可欠なのが，ドブルのカードが持つ次の特徴だ．

**ドブル・カードの特徴：どの二つのカードにもちょうど一つだけ共通するマークがある．**

実際のカードの画像は，例えば以下の販売元のウェブサイトで確認して欲しい．

https://hobbyjapan.co.jp/dobble/

商品の説明書には五つの遊び方が載っているが，「できるだけ早く共通のマークを探す」という基本は共通する．説明書の最初に載っている「タワーリングインフェルノ」が一番基本的な遊び方になるだろう．この遊び方では，カードをよくシャッフルして，各プレイヤーの前にカードを1枚ずつ裏面が上になるように（八つのマークが見えないように）にして置き，残りのカードは表面を上に（八つのマークが見えるように）にして，全て重ねて山札として真ん中に置く．スタートの合図で，全プレイヤーは一斉に手元のカードを裏返し八つのマークが見えるようにする．各プレイヤーは手元のカードと山札の一番上のカードに共通するマークを探し，見つけたらそのマークの名前を叫び（ニンジンなら「ニンジン!!」と），山札の一番上のカードを手元のカードに（表面を上にして）重ねる．すると，山札の一番上のカードと今カードを取ったプレイヤーの手元の一番上のカードが新しいものに変わるので，それらを使って同じようにゲームを続ける．山札が無くなったらゲーム終了となり，一番カードを取った人が勝ちだ．

共通するマークを探すなんて簡単だと思われるかもしれないが，実際にやってみると必ずあるはずの共通のマークがなかなか見つからず，みんなでじーっとカードを睨んだまま時間が過ぎるということがよくある．同じマークでも大きさが違ったり，色が目立たなかったりして，気がつかないのだ．そして，他のプレイヤーがマークを宣言して取った直後に，「あー，そのマーク，自分のカードにもあったのに」と悔しい思いをすることもしばしばで，これもゲームを盛り上げる要素になっている．

ドブルというゲームが成立するのは，とにもかくにも「どの２枚のカードにも共通するマークがただ一つだけ存在する」という点が重要だ．しかし，なぜこのようなことが可能なのか．それは全く当たり前のことではない．55 枚のカードのそれぞれに８個のマークを書いたら，上手くやらないと共通するマークがないカードの組合せや，共通するマークが二つ以上ある組合せなどが出てきてしまいそうだ．

## b. 有限幾何，再び

「どの２枚のカードにも共通するマークがただ一つだけ存在する」というのを読んで，既視感を覚えた人は数学者の素質があるかもしれない．そう，第３章で議論したユークリッド幾何の基本性質「どの２点に対しても，それ通る直線がただ一つ存在する」と似ている．点をカード，直線をマークに置き換えれば二つの言説が入れ換わる．

ドブルのカードやマークは有限個しかないが，点や直線が有限個しかない幾何学があることを第３章で紹介した．$p$ 元体 $\mathbb{F}_p$（$p$ は素数）を考え，それから作られる $n$ 次元空間（$n$ は自然数）$\mathbb{F}_p^n$ を考えればよい．この $n$ 次元空間は $p^n$

個の点を持っていて，どの2点をとっても，それらを通る直線がちょうど一つ存在する．そこで，$n$ 次元空間内の直線に対しマークを対応させ，点にカードを対応させればよい．各カードに描くマークは，そのカードに対応する点を通る直線に対応するマークになる．

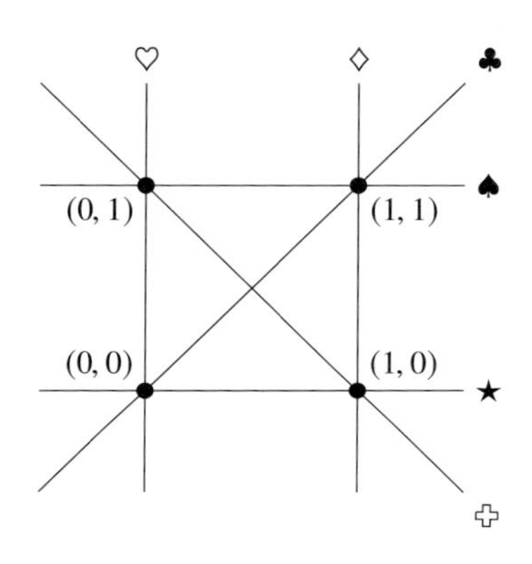


上図は $p=n=2$ の場合を図にしたものだ．2元体 $\mathbb{F}_2=\{0,1\}$ の2次元平面は $(0,0), (0,1), (1,0), (1,1)$ の4点からなり，直線は6本ある．4枚のカードに点を対応させ，それぞれの直線に図のようにハート，ダイヤ，クラブ，スペード，星，十字のマークを対応させる．$(0,0)$ を通る直線は，ハート，クラブ，星の3直線なので，$(0,0)$ に対応するカードにはこの三つのマークを描く．他の3枚のカードにも同じようにして三つのマークを描く．すると，どの二つのカードにもちょうど一つの共通するマークが現れるようになる．

$p=n=2$ の場合は，決められた1点を通る直線は3本あり，カードに描かれるマークは三つだった．$p$ と $n$ が他の値をとるときは，1点を通る直線は何本あるだろうか．与えられた1点に対して，他の1点を決めるとそれらを通る直線が決まる．他の点は全部で $p^n-1$ 個ある．しかし，各直線には $p$ 個の点がのっているので，与えられた点を除く $p-1$ 個は同じ直線を定める．したがって，

$$\frac{p^n-1}{p-1}=p^{n-1}+p^{n-2}+\cdots+p+1$$

が与えられた点を通る直線の本数，そしてカードに描くマークの個数になる．ドブルのカードには，8個のマークが描かれているので $p=7, n=2$ とすればよ

いことがわかる．つまり，7 元体平面 $\mathbb{F}_7^2$ を考えればよい．

しかし，この平面は $7^2=49$ 個しか点を持っていない．したがって，このやり方でドブルのカードを作ると 49 枚しか作れない．実際のドブルには 55 枚のカードがある．そこで「射影平面」という絵画技法の遠近法に起源を持つ数学を使うと，点の個数を 49 からさらに増やすことが可能となる．

## c. 遠近法

絵画において奥行きを正確に表現するための手法に遠近法（透視図法とも呼ばれる）がある．地平線へと伸びるまっすぐな道を描くとき，地平線上に「消失点」という点を一つとり，道路の両端はその点を通る直線（の一部）として描く．また，ガードレールや道路に面した家の輪郭などにおいて，3 次元空間内で道路に平行な線は，キャンバス上では同じ消失点を通る直線として描く．

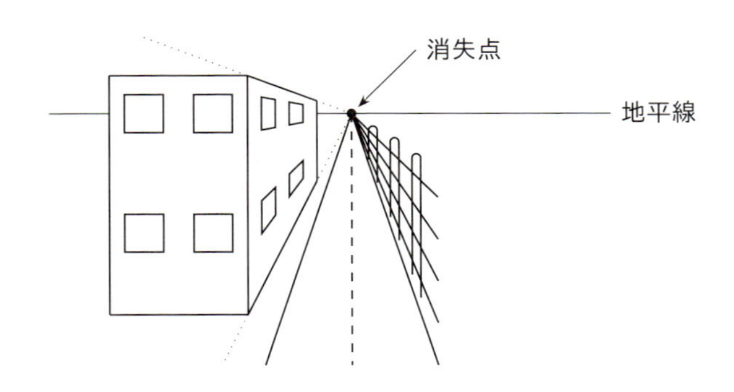


なぜこのように書けばよいのかを説明するために，（例えばガラスでできた）透明なキャンバスの上に絵を描くことを想像しよう．キャンバスを目の前に設置して，見える風景をそのまま写しとれば正確な絵が描けるだろう．今，キャンバスの向こう側に描きたい直線 $L$（例えば道路の端）があるとする．3 次元空間内に視点 $P$，キャンバスの平面 $H$ と直線 $L$ がある．ただし $P$ を $L$ が通っていないとする（通っていればその直線 $L$ は 1 点に見える）．

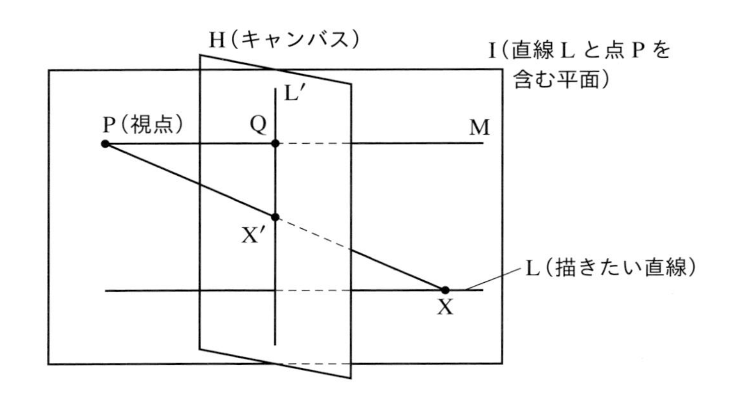


$L$ 上の点 $X$ はキャンバス上では $X$ と $P$ を結ぶ直線 $XP$ と平面 $H$ の交わる点 $X'$ になる．したがって，$L$ をキャンバスに写すと，$P$ と $L$ を含む平面 $I$ と平面 $H$ が交わってできる直線 $L'$ の一部になる．平面 $I$ 内の直線で $P$ を通り $L$ に平行なものを $M$ とし，$H$ と $M$ が交わる点を $Q$ とすると，これが消失点になる．実際，$L$ 上の点 $X$ が遠くへ移動すると，キャンバス上の対応する点 $X'$ は直線 $L'$ 上を動いてどんどん $Q$ に近づく．(しかし，どこまで行っても $Q$ にぴったり重なることはない．後で説明するように $Q$ は「無限に遠く」の点に相当する.) このことから，直線 $L$ をキャンバスに写すと直線 $L'$ を点 $Q$ で半分に切って得られる二つの半直線の片方となる．

3次元空間内の $L$ と平行な他の直線に対しても，点 $P$ を通りそれに平行な直線 $M$ は変わらないので，消失点 $Q$ も変わらない．したがって，3次元空間で平行な直線は，キャンバス上では同じ消失点から伸びる半直線となるのだ．

もし $L$ と平行でない直線に対し同じ構成を行うと，直線 $M$ が動いて消失点 $Q$ も変化する．したがって，遠近法では互いに平行な直線のグループに対して一つ消失点を作ることになる．高層ビルのような直方体の建造物の遠近感を正確に描きたければ，三つの消失点が必要になる．

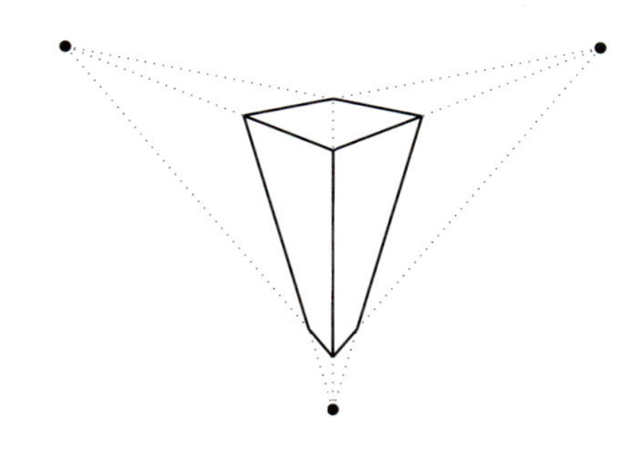

3 つの消失点.

## d. 射影直線

遠近法では無限に遠くの点，消失点に注目することが鍵だったが，ドブルと関連する射影平面とはユークリッド平面 $\mathbb{R}^2$ に「無限遠点」という点を無数に付け加えたものだ．射影平面は 1630 年代にデザルグにより導入された．射影平面について説明するまえに，1 次元での対応物である射影直線を説明する．

1 本の直線と一つの円が 1 点で接しているとする．直線を数直線だと見なし，接点を 0 とする．

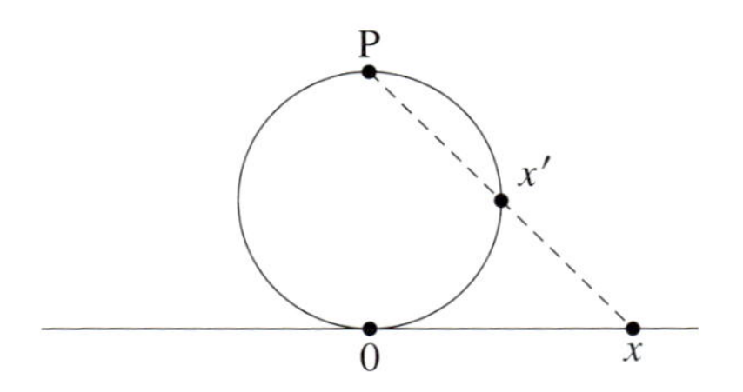


接点と対極にある円上の点を $P$ とすると，数直線の点と円上の $P$ 以外の点を次のように 1 対 1 に対応させることができる．数直線上の点 $x$ に対し，$P$ と $x$ を結ぶ直線が円と交わる点を $x'$ とする．逆に $x$ は $P$ と $x'$ を結ぶ直線が数直線と交わる点となるので，$x$ と $x'$ の対応は 1 対 1 である．

この対応を通して，円上の $P$ 以外の点を実数と見なすことができるが，そうすると点 $P$ はどのように捉えればよいか．その答えが無限遠点となる．実数がどんどん大きくなると，円上の点はどんどん $P$ に近づく．そこで，$P$ をその極限として無限大と見なすのだ．しかし，注意が必要なのは，実数がどんどん小さくなる（絶対値が小さくなるのではなく $-10, -100, -1000$ と小さくなる）とやはり円上の点は $P$ に近づいていく．つまり，この見方では $+\infty$（プラス無限大）と $-\infty$（マイナス無限大）は区別されず，同じ $\infty$ となる．

このように円は実数全体 $\mathbb{R}$ に無限大（無限遠点）を付け加えたものと見なせる．このように見なす円を射影直線（projective line）と呼ぶ．$\mathbb{P}^1$ という記号で書き表す．

## e.「方向」の集合，「比」の集合

射影直線 $\mathbb{P}^1$ は，実数の集合に無限遠点を付け加えるという見方以外に，「方向」や「比」の集合として見るという見方も重要だ．今度は $xy$ 平面内の直線 $L: y=1$ を数直線と同一視しよう．原点を通る直線 $M$ で $L$ と平行でないもの（$x$ 軸以外のもの）は $L$ とちょうど1点 $(m,1)$ で交わる．逆に，$L$ 上の点 $(m,1)$ と原点を通る直線 $M$ はただ一つであるので，実数 $m$ と原点を通る $L$ と平行でない直線 $M$ の間に1対1の対応がある．

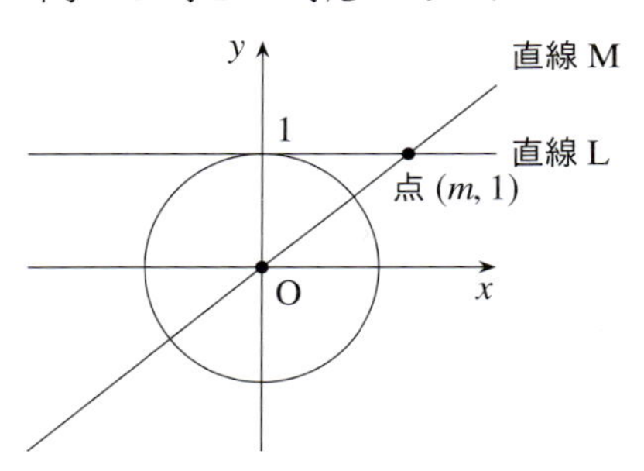


さらに，$m$ を正や負の方向に動かし絶対値をどんどん大きくすると，対応する直線 $M$ は寝そべっていき $x$ 軸に近づいていくので，射影直線の無限遠点 $\infty$ を $x$ 軸に対応させるのが自然だろう．こうして，射影直線の点と原点を通る直線の間の1対1対応が得られ，射影直線は原点を通る直線全体だと見なすこともできる．

$$射影直線\ \mathbb{P}^1 = \mathbb{R} \cup \{\infty\} \leftrightarrow \{原点を通る直線\}$$

$$実数\ m \leftrightarrow 原点と点\ (1, m)\ を通る直線$$

$$無限遠点\ \infty \leftrightarrow x\ 軸$$

原点を通る直線は，原点からの方向を定めるので，射影直線は方向の集まりということもできる．ただし，例えば $x$ 軸は，左右に伸びているが，ここでいう方向では，右と左の区別はなく，両方まとめて一つの方向となる．フランス語では方向を表す direction と向きを表す sense が明確に区別され，東西方向，東向き，西向きという使い分けをする．

方向を比と見なすこともできる．2:3 と 4:6 と 6:9 は全て同じ比だ．これらの数を座標に持つ点 $(2,3), (4,6), (6,9)$ は原点を通る同じ直線の上にのっている．同一の原点を通る直線にのっている原点以外の 2 点 $(a,b), (c,d)$ に対しては $a:b=c:d$ となる．したがって射影直線 $\mathbb{P}^1$ は比の集合でもある．

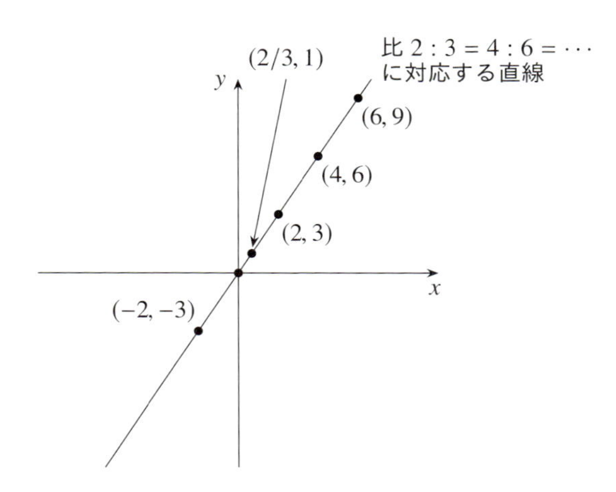


ちなみに，

$$\mathbb{R} \cup \{\infty\} \leftrightarrow \mathbb{P}^1 \leftrightarrow \text{比の集合}$$

という対応で，実数 $m$ は比 $m:1$ に対応し，$\infty$ は $1:0$ に対応する．

## f. 射影平面

方向や比の集まりとしての射影直線の構成において一つ次元を上げると欲しかった射影平面ができる．つまり，射影平面とは，3 次元空間内の向きの集合であり，それは $\mathbb{R}^3$ の原点を通る直線全体と同じことだ．$\mathbb{R}^3$ の点は $xyz$ 座標を用いて例えば $(3,2,5)$ などと表せるが，三つ以上の数の間の比を $3:2:5$ のように書いて，これを複比と言う．複比を考えるときは三つの数のうち，少なくとも一つは0でない数だとする．すなわち，0:0:0という複比は考えない．また，三つの数に一つの同じ数を掛けてできる複比，例えば3:2:5に一斉に2を掛けた6:4:10は同じ複比だと見なす．さらに，複比が同じになるのはこのようなときに限る．($a:b:c$ と $a':b':c'$ が複比として等しいのは，$a:b=a':b', b:c=b':c', c:a=c':a'$ が成り立つことだと言っても同じことになる．) つまり，複比 $a:b:c$ と $a':b':c'$ が同じであるのは，$\mathbb{R}^3$ の2点 $(a,b,c)$ と $(a',b',c')$ が原点を通る同じ直線にあるときだ．このことから，射影平面は複比 $a:b:c$ の集合だと言ってもよい．

射影直線が数直線 $\mathbb{R}$ に無限遠点 $\infty$ を付け足したものだと解釈できたように，射影平面は通常の平面（ユークリッド平面）$\mathbb{R}^2$ に無限遠点を付け足したものだと解釈できる．しかし，射影直線では無限遠点は一つだけだったのに対し，射影平面では無限個（！）の無限遠点を付け足す必要がある．

3次元ユークリッド空間 $\mathbb{R}^3$ において，原点を中心とした半径1の球面 $S$ と，それに接する平面 $H: z=1$ を考える．通常通り，$z$ 軸を垂直に，$x$ 軸と $y$ 軸を水平にとる．原点を通り水平でない直線を $L$ とすると，この直線は $H$ とちょうど1点で交わる．平面 $H$ をユークリッド平面 $\mathbb{R}^2$ と同一視すれば（$H$ の点 $(x,y,1)$ を $\mathbb{R}^2$ の点 $(x,y)$ だと見なす)，直線 $L$ とユークリッド平面 $\mathbb{R}^2$ の点の1対1対応ができる．つまり，射影平面のほとんどの（水平でない）点 $L$ に対しユークリッド平面の点を対応づけることができ，逆に全てのユークリッド平面の点に対し，射影平面の点が対応する．

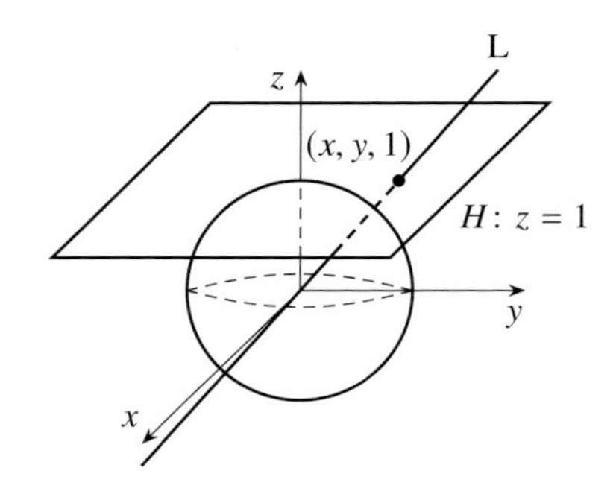


原点を通る水平な直線はユークリッド平面の点と対応しない．これらがユー

クリッド平面から射影平面に拡張するときに付け加わった「無限遠点」となる．これらが無限遠点と呼ばれる理由を見るために，いま平面 $H$ の点 $P=(x,y,1)$ が向き $(a,b)$ に動いていく状況を考えよう．つまり時刻 $t$ に $P_t=(x+ta,y+tb,1)$ に移動するようにする．すると $t$ が大きくなり無限大に近づくにつれ，対応する原点を通る直線 $L_t$ はしだいに水平に近づいていき，$xy$ 平面内の点 $(a,b,0)$ を通る直線 $L_\infty$ にどんどん近づいていく．反対の向き $(-a,-b)$ に動いていっても同じ直線に近づく．したがって直線 $L_\infty$ は方向 $(a,b)$ の無限の彼方にある点だと見なせる．

また，スタート地点 $(x,y,1)$ がどこであっても同じ方向 $(a,b)$ に動けば同じ直線 $L_\infty$ に近づく．これは，この無限遠点が遠近法で見た消失点であることを意味している．平行な直線は無限の彼方で同じ消失点＝無限遠点に達するのだ．ただし，遠近法では3次元空間を2次元のキャンバスに描くので，実際にはもう一つ次元を上げた3次元射影空間というもの（の一部）を2次元のキャンバスに投影したものになっている．

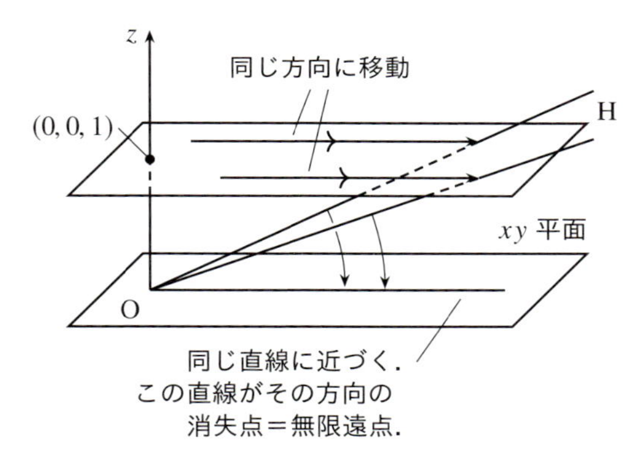


## g. 無限を加えて空間を閉じる

世界は平らだと信じていた昔の人びとは，世界の果てがどうなっているのかと考えた．世界はどこまでも続くのだろうか，それとも，どこかで断崖絶壁があり，世界の端に行き当たるのだろうか．今日，私たちは地球が球であることを知っている．世界に端はないが，しかし，無限の広さを持つわけでもない．

球面のように，有限の大きさで端のない図形は「閉じている」と言う．直線は無限に伸びているので閉じていないが，それに無限遠点を付け足した射影直線は図形としては円なので閉じている．射影直線は数直線に無限遠点 $\infty$ を加えて閉じたものだ．

射影平面もユークリッド平面に欠けている無限遠点を無数に付け足すことで閉じたものである．これまでの構成では射影平面が有限の大きさを持つことは見にくいが，第7章で正方形の端を貼り合わせて射影平面を作る方法を紹介する．その方法を見ると，射影平面が有限の大きさで端のない図形であることがよくわかる．

## h. 必ず交わる

ユークリッド平面では，二つの直線の関係には平行かそうでないかの2種類があり，平行であれば2直線は交わらず，平行でなければ2直線はちょうど1点で交わる．

ユークリッド幾何．

ユークリッド平面に無数の無限遠点を付け足した射影平面では，状況が全く異なり次の定理が成り立つ．

**定理：射影平面においては全ての2直線はちょうど1点で交わる．**

つまり平行かどうかという区別は消滅する．しかし，まず射影平面における直線とは何かを説明する必要がある．射影平面はユークリッド平面に無限遠点を付け足したものだったが，ユークリッド平面内の直線 $L$ に対して，その直線の無限の彼方に無限遠点 $P_L$ がある．直線をどちらの向きに進んでいっても同じ無限遠点 $P_L$ に達する．$L$ に $P_L$ を付け足したものは，射影直線になる．射影平面内の直線というとき，ユークリッド平面内の直線に無限遠点を付け足した射影直線のことを意味する．ただし，これに当てはまらない射影平面内の直線が一つだけあり，それは無限遠点全体が作る直線だ．

射影平面をユークリッド空間 $\mathbb{R}^3$ における原点を通る直線全体であると考えるとき，射影平面内の直線は $\mathbb{R}^3$ 内の原点を通る平面に対応する．そのような平面 $H$ に対して，$H$ に含まれる原点を通る直線全体が射影平面の直線となる．このように考えると無限遠点全体は $xy$ 平面に対応し，これも直線であると考えるのが自然となる．

ここで，射影平面の 2 直線が必ず 1 点で交わることを確かめよう．まず，2 直線のうちの一つが無限遠点全体であるときを考えよう．そのとき，もう一つの直線はユークリッド平面の直線に無限遠点を一つ付け足したものであり，この無限遠点が 2 直線の交点になり，確かに 2 直線がちょうど 1 点で交わる．次に，2 直線がともにユークリッド平面の直線に無限遠点を付け足したものであるとする．ユークリッド平面において 2 直線が平行でないとき，それらはユークリッド平面の中で 1 点で交わり，2 直線は違う方向を向いているので付け加わる無限遠点は異なる．したがって，ユークリッド平面の外では交わらず，2 直線の交点はちょうど一つになる．ユークリッド平面の 2 直線が平行であるとき，今度はユークリッド平面内では交わらない．しかし，2 直線に付け加わる無限遠点は同じ無限遠点なので，この無限遠点が射影平面の 2 直線の交点となる．このように，いずれの場合も 2 直線の交点はちょうど 1 点になる．

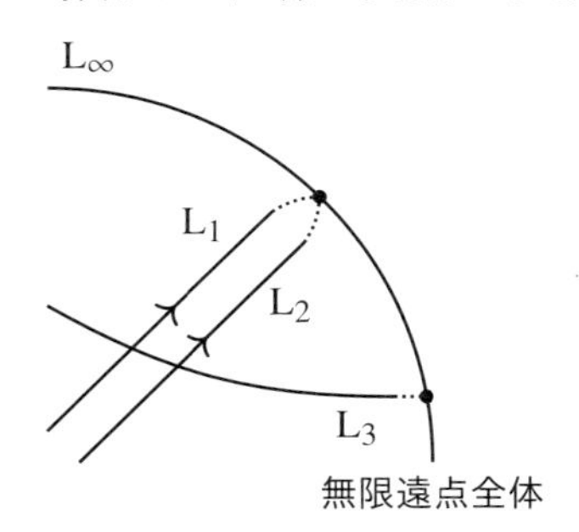


射影平面の直線．

射影平面の直線をユークリッド空間の原点を通る平面と対応させるとき，原点を通る二つの平面の交わりは，常に原点を通る一つの直線になるので，これが射影平面内の 2 直線の交点になる．

上の定理は，ユークリッド平面における「どの2点についても，それを通る直線がただ一つ存在する」という定理に似ている．射影平面でもこの主張は成り立つ．

**定理：射影平面のどの2点についても，それを通る直線がただ一つ存在する．**

射影平面をユークリッド平面に無限遠点を付け足したものと見なそう．2点がユークリッド平面内にあるとき，それらを通るユークリッド平面内の直線がただ一つ存在し，それに無限遠点を付け足し射影直線にしたものが，定理の条件を満たす直線になる．もし，2点のうち1点 $A$ がユークリッド平面内にあり，もう1点 $B$ が無限遠点であるとき，無限遠点 $B$ が方向を決めるので，$A$ を通り $B$ が定める方向に伸びる直線（に無限遠点 $B$ を加えたもの）が $A, B$ を通るただ一つの直線となる．最後に，2点がともに無限遠点であるとき，無限遠点全体のなす直線が，2点を通る唯一の直線である．

このように，射影平面では，2点を通る直線がただ一つ存在し，2直線はちょうど1点で交わる．これは射影双対性という現象の一つである．射影平面では直線と平面の役割を入れ換えても同じことが成り立つというのが射影双対性だ．

## i. 有限射影平面

ユークリッド平面 $\mathbb{R}^2$ に無限遠点を付け足して射影平面を作ったように，$p^2$ 個の点からなる $p$ 元体平面 $\mathbb{F}_p^2$ に無限遠点を付け足して有限体 $\mathbb{F}_p$ の射影平面 $\mathbb{P}^2_{\mathbb{F}_p}$ を作ることができる．この場合も同様に，各「方向」に対して一つずつ無限遠点を付け足す．有限個しか点がない平面内での「方向」をどう理解するかだが，直線のパラメータ表示

$$(e, f) + t(g, h) \quad (t \in \mathbb{F}_p)$$

を考えよう．点 $(e, f)$ からベクトル $(g, h)$ 方向に伸びる直線だ．

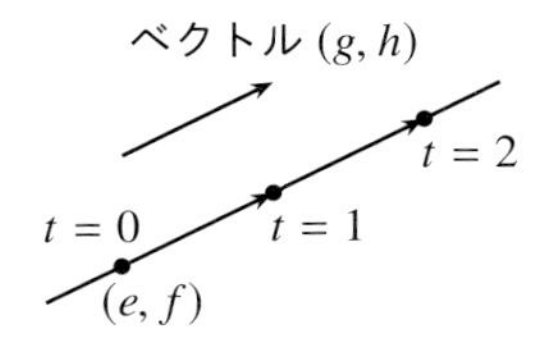


パラメータ表示.

もちろん，0 でない $\mathbb{F}_p$ の元 $r$ に対し $(g, h)$ と $(rg, rh)$ は同じ方向を指すと考えるべきだ.

平面 $(\mathbb{F}_p)^2$ の直線の方向は $\mathbb{F}_p$ の元の組 $(a, b)$ で $(0, 0)$ 以外のものにより定まる．このような組は $p^2-1$ 個ある．そして，二つの組 $(a, b)$ と $(a', b')$ が同じ方向を定めるのは，$\mathbb{F}_p$ の 0 でない元 $r$ により $(a', b')=(ra, rb)$ となるときだ．$\mathbb{F}_p$ の 0 でない元は $p-1$ 個あるので，同じ方向を定める組は $p-1$ 個ずつあることになる．したがって，方向は全部で

$$\frac{p^2-1}{p-1} = p+1 \text{ 個}$$

あり，有限平面 $\mathbb{F}_p^2$ に付け加わる無限遠点も $p+1$ 個になる．その結果できあがる有限射影平面 $\mathbb{P}^2_{\mathbb{F}_p}$ は $p^2+p+1$ 個の点を持つ.

また有限射影平面は複比や有限 3 次元空間 $\mathbb{F}_p^3$ の原点を通る直線を用いて構成することもできる.「有限 3 次元空間」$(\mathbb{F}_p)^3$ の原点 $(0, 0, 0)$ 以外の点 $(a, b, c)$ と $(a', b', c')$ に対して，0 でない元 $r \in \mathbb{F}_p$ があり，$(a', b', c')=(ra, rb, rc)$ となるとき，複比 $a{:}b{:}c$ と $a'{:}b'{:}c'$ は等しいと定め，また，2 点 $(a, b, c)$ と $(a', b', c')$ は同じ原点を通る直線上にあると考える．したがって，ちょうど $p-1$ 個の点が同じ複比を定め，原点を通る直線上には原点も含めてちょうど $p$ 個の点がある．有限射影平面 $\mathbb{P}^2_{\mathbb{F}_p}$ は $\mathbb{F}_p^3$ の原点を通る直線全体，または，複比全体であると考えられる．したがって，その点の個数は

$$\frac{p^3-1}{p-1} = p^2+p+1 \text{ 個}$$

であり，先ほどの構成で求めた数と一致し，つじつまが合う.

次に 2 直線の交点について考察しよう．有限射影平面でもやはり 2 直線は必ずちょうど 1 点で交わるのだろうか．有限平面の 2 直線 $L, L'$ の方程式表示

$$L : ax + by = c$$
$$L' : a'x + b'y = c'$$

を考える．まず2直線が平行，つまり同じ向きを持つときを考えよう．0でない元 $r \in \mathbb{F}_p$ により $(a', b') = (ra, rb)$ となるから，二つ目の式を $r$ で割って

$$ax + by = c''$$

（ただし，$c'' = c'/r$）と書き換えることができる．もし $c = c''$ なら，2直線は全く同一の直線になるので，$c \neq c''$ とする．すると，同じ $ax + by$ が同時に異なる二つの値 $c, c''$ をとることはできないので，連立方程式

$$ax + by = c$$
$$ax + by = c''$$

は解を持たない．これは2直線が平面 $\mathbb{F}_p^2$ の中で交わらないことを表している．この2直線に無限遠点を付け足して有限射影平面内の直線にすると，2直線は同じ方向を持つので同じ無限遠点が付け加えられ，2直線は一つの無限遠点で交わる．

次に2直線 $L, L'$ が平行でないときを考える．このとき，$a : b \neq a' : b'$ となる．ここで，小学6年生で比を勉強するときに習う「内項の積＝外項の積」を思い出そう．$a : b = c : d$ のとき内項の積 $bc$ と外項の積 $ad$ が等しい，つまり $ad - bc = 0$ が成り立ち，逆に，この式が成り立つときだけ，比が等しくなる．したがって比が等しくない $a : b \neq a' : b'$ という場合には $ab' - a'b \neq 0$ が成り立つ．これは有限体の場合でも同じだ．したがって $ab' - a'b$ には逆数が存在し，$ab' - a'b$ で他の数を割ることができる．そこで $L$ と $L'$ の交点を定める連立方程式は，

$$x = \frac{b'c - bc'}{ab' - a'b}, \quad y = \frac{-a'c + ac'}{ab' - a'b}$$

と具体的に解くことができる．これは変数消去によって求めることもできるし，行列の積や逆行列ついてご存知の方は上の解 $(x, y)$ は逆行列を用いて

$$\begin{pmatrix} x \\ y \end{pmatrix} = \begin{pmatrix} a & b \\ a' & b' \end{pmatrix}^{-1} \begin{pmatrix} c \\ c' \end{pmatrix} = \frac{1}{ab' - a'b} \begin{pmatrix} b' & -b \\ -a' & a \end{pmatrix} \begin{pmatrix} c \\ c' \end{pmatrix}$$

というように導くこともできる．このように平行でない直線は有限平面 $\mathbb{F}_p^2$ で1点で交わる．射影平面で考えると，これら2直線に加わる無限遠点は異なり，

無限遠では交わらないので，やはり交点はちょうど1点になる．さらに有限射影平面の直線には無限遠点全体（この場合 $p+1$ 個ある）からなるものがあるが，この無限遠直線と他の直線は，実数上の射影平面と同じようにやはりちょうど1点で交わる．まとめると，有限射影平面でも全ての2直線はちょうど1点で交わることがわかった．

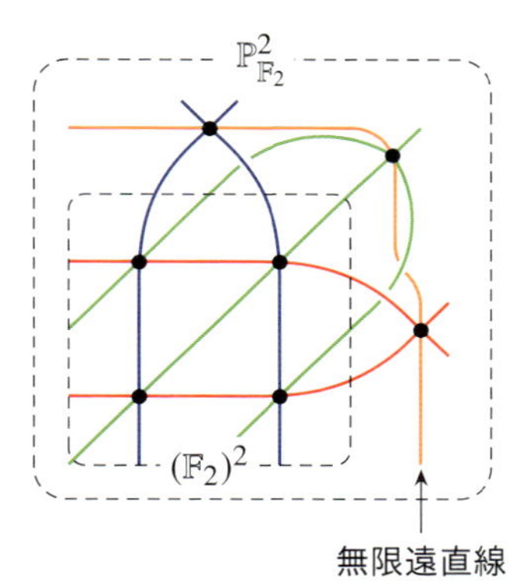


有限射影平面 $\mathbb{P}^2_{\mathbb{F}_2}$ とその中の直線．

上の図は $p=2$ の場合の有限射影平面 $\mathbb{P}^2_{\mathbb{F}_2}$ とその中の直線の様子を表している．黒い $7(=2^2+2+1)$ 個の点が射影平面の点で，線で結ばれている点は同一直線上の点だ．$(\mathbb{F}_2)^2$ の中で平行となる直線を同じ色で表した．それぞれの直線にはちょうど $3(=2+1)$ 個の点がのっている．また，どの2直線もちょうど1点で交わっていること，各点を通る直線はちょうど3本であることなどを見てとれる．また直線は7本あり，点の個数と同じだ．これも，偶然ではなく射影双対性と呼ばれる現象の一つだ．

## j. ドブルと有限射影平面

ドブルと関係する有限射影平面は $p=7$ の場合になる．ドブルには55枚のカードがあり，各カードには8個のマークが描かれていて，どの2枚のカードにも共通するマークがちょうど一つだけあるのだった．これは考えてみればとても特別なことで，55枚から2枚選ぶ選び方は $\dfrac{55\times 54}{2}=5940$ 通りあるので，その全てでこの状況を成立させるのは至難の業であると想像できる．1枚ずつ順番にカードに8個のマークを描いていくことにすると，最初のうちはよいかもしれないが，しだいにつじつまを合わせるのが難しくなってくるだろう．$n$ 枚目のカードにはそれまでに描いた $n-1$ 枚のカードのどれとも共通するマークがちょうど一つないといけないわけだから，$n$ が大きくなればどんどん制約が厳しくなっていき，しまいにはそのような制約を満たすマークの描き方はなくなってしまいそうだ．

$p=7$ の有限射影平面を考えよう．これは $7^2+7+1=57$ 個の点を持っている．また57本の直線があり，各直線には $7+1=8$ 個の点がのっている．そこで，57個の点に57個のマークを対応させ，カードと直線を対応させる（射影双対性から点とカード，直線とマークを対応させてもよい）．ドブルではなぜか55枚のカードしかないが，57枚まで増やすことができる．そして，各カードに，対応する直線にのっている点に対応するマークを描くのだ．説明を簡単にするために $p=2$ の場合で同じことをすると，下の図のようになる．

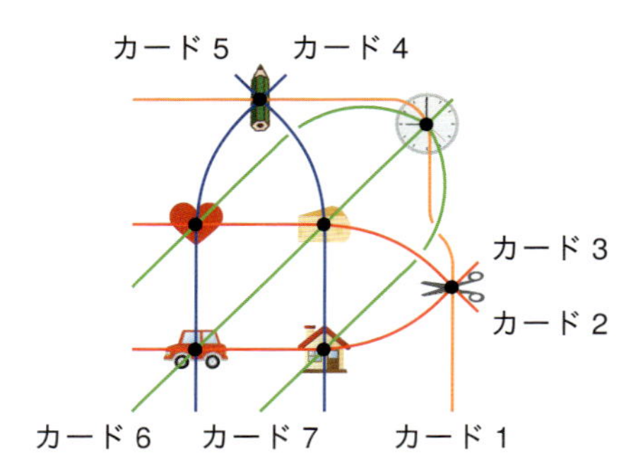


このようにすると，どの「2直線もちょうど1点で交わる」という射影平面の性質から，「どの2枚のカードにも共通するマークがちょうど一つある」というドブルのゲームの性質が導かれる．

もう一つ小さい素数5を使うと，少しサイズを小さくしたゲームになる．各カードに六つのマークが描かれ，カードは $5^2+5+1=31$ 枚まで可能だ．実際，六つのマークを持つ30枚のカードからなるドブル・キッズも発売されている．逆に，ゲームに慣れてきたら，もっと難しくしたくなるかもしれない．そのときは，素数 $p$ としてより大きい，例えば11を考えればよい．すると，各カードのマークの個数を12にできる．カードの枚数は $11^2+11+1=133$ 枚以下の好きな枚数が選べる．有限射影平面 $\mathbb{P}^2_{\mathbb{F}_{11}}$ から，その本数の直線を選べばよい．12 個のマークが多すぎる場合は，9 個や 10 個にすることもできる．実は有限個の元を持つ体には，素数個の元を持つ体だけでなく，素数の巾（べき）$p^e$（$p$ は素数，$e$ は自然数）だけ元をもつ体 $\mathbb{F}_{p^e}$ が存在する．この体は，合同式を考えるだけでは構成できない．この体の発見者は 19 世紀前半のフランスの数学者ガロアだ．19 世紀後半に体が抽象的に定義される以前のことだ．彼は決闘に倒れ 20 歳で夭折するのだが，その短い人生で後世の数学に多大な影響を残す．彼の名を冠して，有限個の元だけを持つ体をガロア体と呼ぶこともある（有限体とも呼ぶ）．しかし，この有限体を使って同じように有限射影平面を構成でき，その有限射影平面には $(p^e)^2+p^e+1$ 個の点があり，同じ本数の直線があり，各直線には $p^e+1$ 個の点がのっている．$(p,e)=(2,3)$ なら 9 個，$(p,e)=(3,2)$ なら 10 個になる．そして，どの 2 直線もちょうど一つの交点を持つという性質がやはり成立する．

**コラム：無限について**

ゼロ，負の数，複素数などの導入により，数学者は数概念を拡張してきた．有限体も数概念の拡張の一つだ．国語辞典・大辞泉による無限の説明には「数量や程度に限度がないこと．また，そのさま．」とある．「無限は数ではない」という説明を耳にすることもある．しかし，数学は無限も数の拡張として取り込んできた．ただ，その方法は様々で，いろんな種類の無限がある．射影直線の無限遠点もその一つだ．超準解析という分野では，実数の集合 $\mathbb{R}$ に，いろんな無限大や無限小を加えて，「超実数」の集合を作る．また，無限次元の空間なども数学では研究対象になる．

無限が関係する美しい公式として，オイラー，そして後年ラマヌジャンも独立に発見した次の公式は外せない．

$$1+2+3+4+\cdots = -\frac{1}{12}$$

左辺は，無限大に発散する級数（無限個の数の和）であり，全くナンセンスに思える．オイラーやラマヌジャンは，大胆に発散することを忘れて，有限級数や収束級数（発散しない級数）にのみ許される議論を用いて，この公式を導き出した．今日，この公式の一つの解釈の仕方は，リーマン・ゼータ関数 $\zeta(s)$ に対する $\zeta(-1)=-1/12$ という式を表していると解釈するものだ．$\zeta(s)$ は下の式で定義される．

$$\zeta(s) = \frac{1}{1^s}+\frac{1}{2^s}+\frac{1}{3^s}+\frac{1}{4^s}+\cdots$$

この定義式は複素数 $s=x+iy$ $(x>1)$ に対して収束して意味を成す．この式に $s=-1$ を代入すると $\zeta(-1)=1+2+3+\cdots$ という，上述の発散級数が得られる．リーマンは解析接続という方法で，関数 $\zeta(s)$ の定義を $s=1$ 以外の複素数全体に拡張し，その定義によると $\zeta(-1)=-\dfrac{1}{12}$ となる．リーマン・ゼータ関数は素数の分布という整数論の永遠のテーマと深く関係して，どの複素数 $s$ で $\zeta(s)=0$ になるかに関するリーマン予想は，現在，数学における最重要未解決問題と見なされている．

しかし，現代数学で最も重要な無限はカントールが導入した無限集合だろう．今日の数学者にとっては空気のような存在であり，それなしには生きられないのだが，普段そのありがたさを意識することはない．実数全体の集合 $\mathbb{R}$ を考えることも，よくよく考えればとてつもない思考の飛躍だ．カントール以降，時代とともに考える「集合」の大きさはどんどん大きくなっている．本書に「体」，「ベクトル空間」，「多様体」などの概念が登場するが，全ての体の集合，全てのベクトル空間の集合，全ての多様体の集合などを考える．無限個の無限集合を元として含む集合である．厳密には，このような巨大な集合を考えてしまうと，よく知られた集合論の矛盾が出てきてしまうので，集合とは区別をして圏（カテゴリー）と呼ぶ．最初は研究対象の入れ物として導入された巨大な「集合」も，一度定義されると，そのうちそれ自体が研究対象になり，その入れ物となるさらに巨大な「集合」が登場するのである．このように，どんどん大きな「集合」を考えるのは，数学発展の一つの潮流である．

第6章

# ブリュッセルズ・スプラウト

## オイラーの多面体公式

### a. 芽キャベツ

第1章で紹介したトポロジカル・ゲーム「スプラウト」には「ブリュッセルズ・スプラウト」という変種がある．ブリュッセルズ・スプラウトは，英語で芽キャベツ（ベルギー地方が原産）を意味する．

紙に小さな十字を複数書いた状態からスタートする．十字は中心から四つの突起が伸びているものと理解する．プレイヤーは二つの突起を線で結び，線の

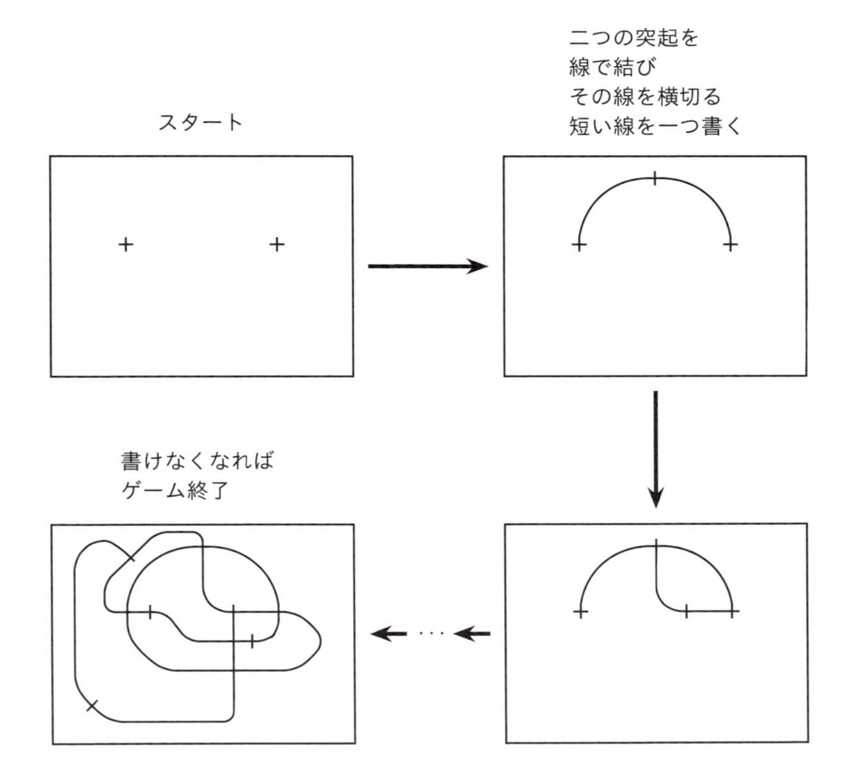

途中にその線を横切る短い線を書き，突起を二つ追加する．次のプレイヤーも二つの突起を線で結び，その線を横切る短い線を書く．スプラウトと同じように，突起を線で結ぶときに，他の線や突起に触れたり，交わったりしてはいけない．

## b. オイラーが勝負を決める

このゲーム，実はやる前から勝負が決まっていて真剣に遊ぶのには向かず，友達にイタズラを仕掛ける役に立つぐらいだ．まだ線が引けるのにうっかり見落としたりしない限り，最初の十字の数が奇数なら先手の勝ち，偶数なら後手の勝ちとなる．これはHexが先手必勝であるというのは別次元の話で，ブリュッセルズ・スプラウトではプレイヤーがどんな手を選ぼうと結果が変わらないのだ．

よく似たスプラウトではそんなことは無かったのだが，なぜだろうか．これを説明するのが，オイラーの公式である．オイラーの公式といえば，自然対数の底$e$，円周率$\pi$と虚数単位$i$という，三つの重要だが一見関係なさそうな数が見事に調和している式

$$e^{i\pi} = -1$$

が有名だ．しかし，オイラーは数学史上最も多産な数学者で，オイラーの名を冠した公式，定理は数多くある．ブリュッセルズ・スプラウトと関連するのはオイラーの多面体公式と呼ばれるもので，こちらも負けず劣らず非常に有名だ．

## c. 多面体

多面体とはカクカクしていて複数の平らな面で囲まれた立体のことだ．

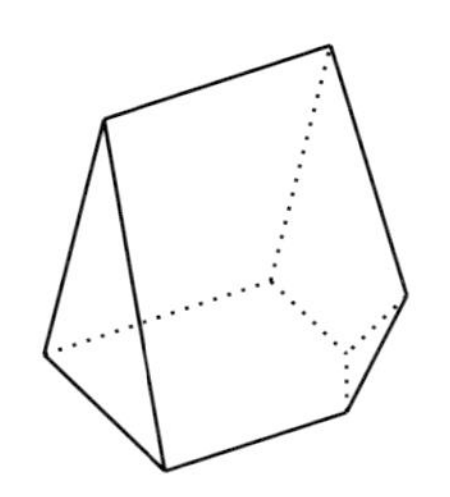
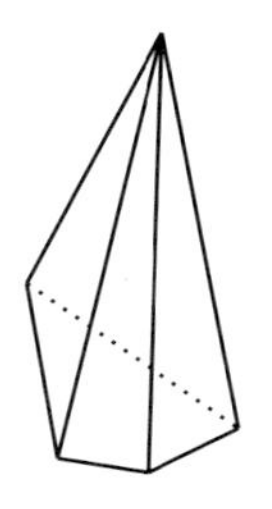

多面体の例.

ここで考えたいのは，正確には凸多面体（とつためんたい）と呼ばれるものになる．凸（とつ）とは，雑に言うと外側に向かって膨らんでいて，くぼんだ部分がないという意味になる．例えば，下のようなものは凸多面体ではない．

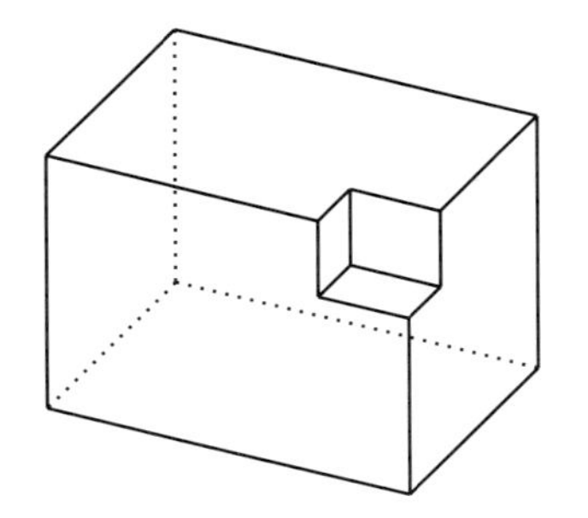
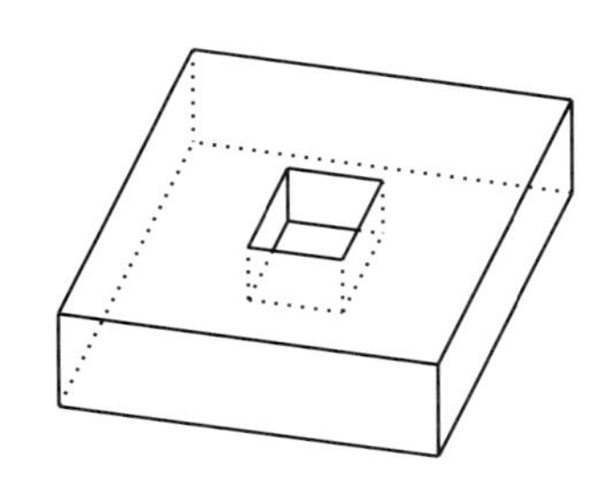

凸でない多面体.

もう少し厳密な説明の仕方が二通りある．一つは，ある立体が凸であるとは，立体のどの2点をとってきても，それを結ぶ線分がすっぽり立体に含まれるという意味だ．

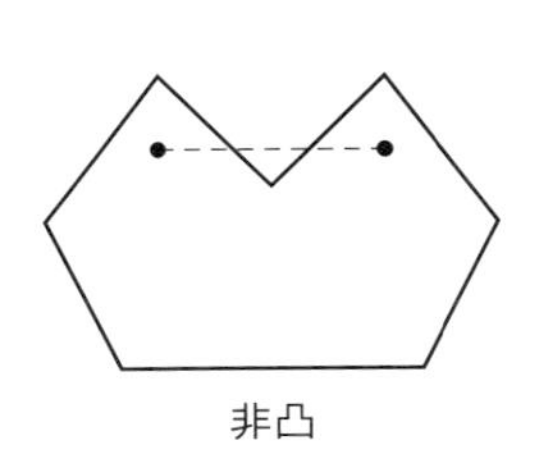

非凸

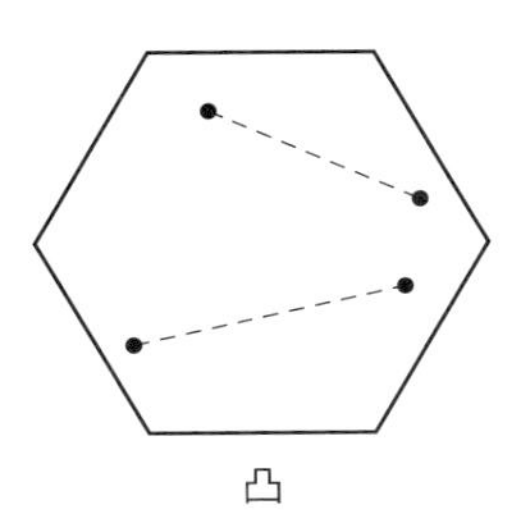

凸

もう一つの説明の仕方は，立方体を平面で切り取ってできるものが凸多面体であるというものだ．ただし，平面は無限に伸びているとし，ある平面で切り取るときは，その平面の全ての部分で切り取り，一部だけを切り取ったりしないようにする．そう規定することで，凸でない多面体は除外される．

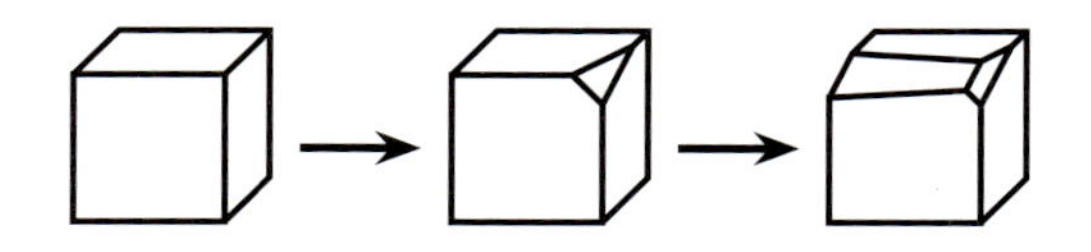

立方体を切って作られるのが凸多面体．

今後，特に断らない限り，多面体といえば凸多面体のことを指すものとする．

## d. オイラーの多面体公式

オイラーの多面体公式は次のように表される．

$$\text{オイラーの多面体公式}：V-E+F=2$$

$V$ は頂点の数，$E$ は辺の数，$F$ は面の数を表す．多面体には頂点，辺，面がそれぞれ有限個ある．面は，多面体の平らな部分で，例えば立方体なら6個の面がある．辺は二つの面が接してできる線分だ．立方体を床に置いたとき，水平な辺が上と下に4本ずつあり，垂直な辺が4本で，全部で12本の辺がある．頂点は三つ以上の面が接する点だ．立方体には8個の頂点がある．したがって，立方体の場合には $V=8, E=12, F=6$ なので，

$$V-E+F=8-12+6=2$$

となり確かにオイラーの公式が成り立っている．

多面体には無限に多くの種類がある．実際，多面体の頂点付近を小さく平面で切り取ることで，いくらでも面の数を増やして新しい多面体を作ることができる．オイラーの公式は，多種多様な多面体のどれをとっても，頂点の数 $V$，辺の数 $E$，面の数 $F$ の間に，$V-E+F=2$ という関係が成り立つことを主張している．

多面体の中で，特別重要で美しいものに正多面体がある．正多面体とは全ての面が同じ（合同な）正多角形で，各頂点に接する面の数がすべて等しいもの

のことだ．正多角形には以下の5種類しかない．

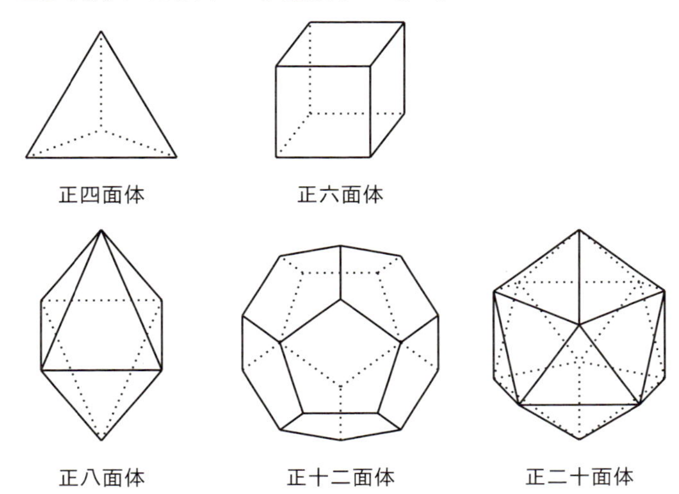


正多面体（プラトンの立体）.

正多面体の2次元版である正多角形は無限にある（3以上の自然数 $n$ に対して，正 $n$ 角形がある）ことを考えると，少し不思議でもある．正多面体は古代ギリシャの哲学者プラトンの名を冠して，プラトンの立体と呼ばれることもある．正多面体，そして，それが5種類しかないことの発見は古代ギリシャの偉業の一つに数えられる．正多面体の頂点，辺，面の数を下の表にまとめた．

| | 正4面体 | 正6面体 | 正8面体 | 正12面体 | 正20面体 |
|---|---|---|---|---|---|
| 頂点の数 $V$ | 4 | 8 | 6 | 20 | 12 |
| 辺の数 $E$ | 6 | 12 | 12 | 30 | 30 |
| 面の数 $F$ | 4 | 6 | 8 | 12 | 20 |

どの正多面体についてもオイラーの公式 $V-E+F=2$ が成り立っていることが確かめられる．

## e. 球面グラフで証明

オイラーの多面体公式には数多くの証明が知られている．ここでは，ブリュッセルズ・スプラウトと関連付けるためにも，トポロジーとグラフを用いた証明を紹介しよう．グラフとは次のような点と線からなる図形のことだ．

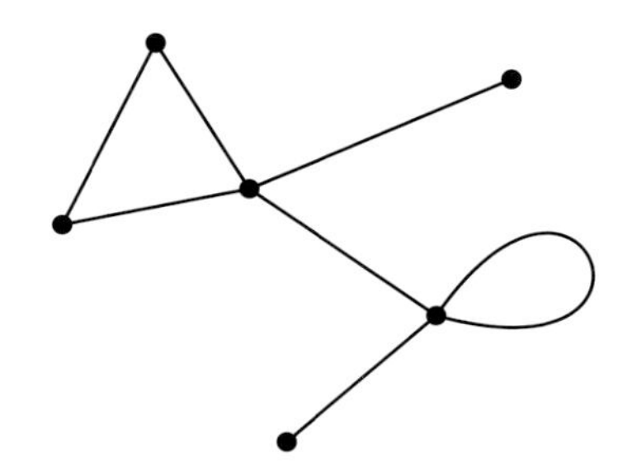

3次元ユークリッド空間 $\mathbb{R}^3$ において，頂点と呼ばれる有限個の点と，辺と呼ぶ有限個の（曲がっていてもよい）線分からなる図形で次の条件を満たすものをグラフと呼ぶ．

1. 辺は有限の長さの線分でその両端は頂点に接続している．（両端が同じ頂点に接続してもよい．）
2. 辺が両端以外で頂点に接したり，自己交差したり，二つの辺が頂点以外で接したりしない．

辺をたどって全ての頂点を行き来できるようなグラフは連結グラフと言う．多面体の頂点と辺だけを取り出すと連結グラフができる．トポロジーでは多面体の表面と球面は同じになり，多面体の頂点と辺は球面上の連結グラフ（以後，球面連結グラフと呼ぶ）を定める．

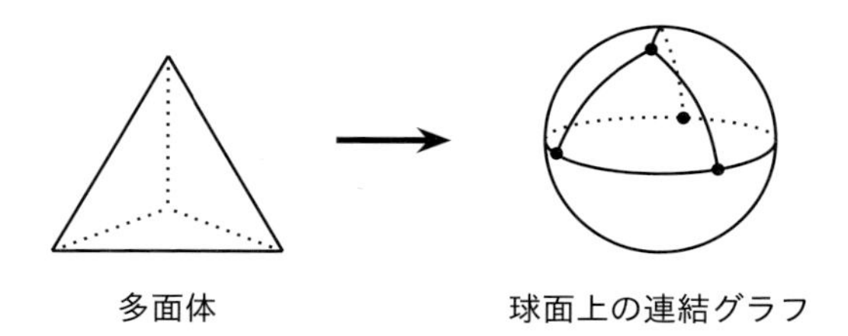


球面連結グラフがあると，球面がいくつかの領域に分けられるので，各領域をグラフの面と呼ぶことにする．多面体から上述のように球面上の連結グラフを構成する場合，多面体の面とグラフの面は1対1に対応する．オイラーの多面体公式は次のように一般化できる．

**定理：球面上の連結グラフに対して，$V$ を頂点の数，$E$ を辺の数，$F$ を面の数とすると**

$$V-E+F=2$$

**が成り立つ.**

球面連結グラフには，多面体から来ないものもたくさんある．例えば，頂点が一つで辺が全くないグラフや，頂点が一つで辺が一つだけのグラフなどがそうである．上の定理は，そのようなグラフに対しても成立する．グラフを使う利点は，グラフのほうが多面体よりずっと変形の自由度が高いことだ．二つの頂点を結ぶ辺は，縮めていって二つの頂点を一つにするように変形できる．この変形後もグラフは連結なままだ.

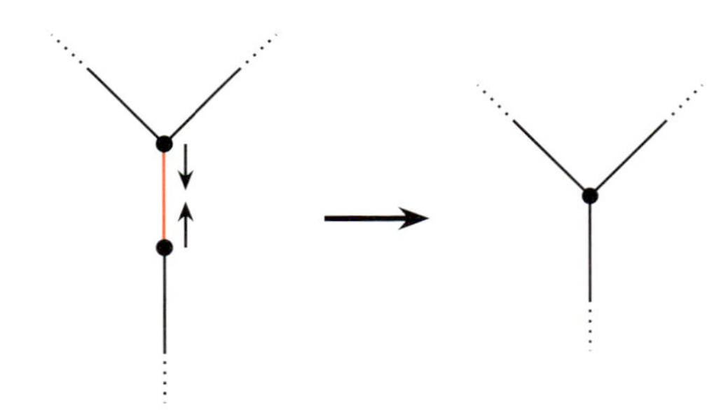

この変形で $E$ と $V$ が 1 ずつ減り，$F$ は変わらないので，$V-E+F$ の値は変わらない．また，辺が同じ頂点に戻ってくるループの場合は，その辺を取り除いてもグラフが連結であることは変わらない．辺を取り除く前後では $E$ と $F$ が 1 ずつ減り，$V$ は変わらず，やはり $V-E+F$ の値は変わらない.

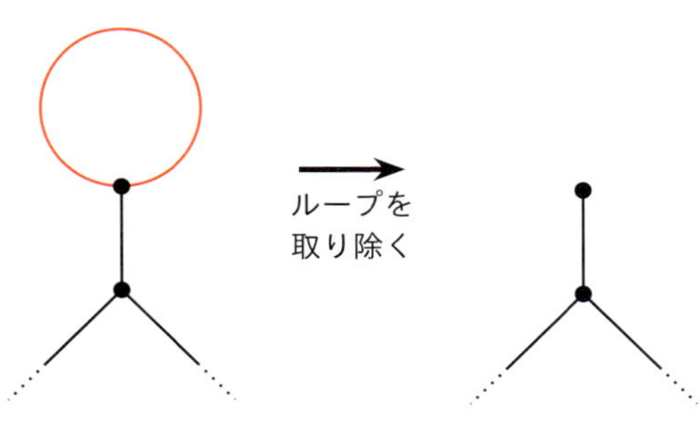

このように辺を一つずつ，潰したり取り除いたりして辺が一つもないグラフを作ることができる．このとき，頂点は一つだけなので $V=1, E=0, F=1$ となり，$V-E+F=2$ となる．各変形の前後で $V-E+F$ は変わらないので，元のグラフについても $V-E+F=2$ であることがわかる．証明終わり．

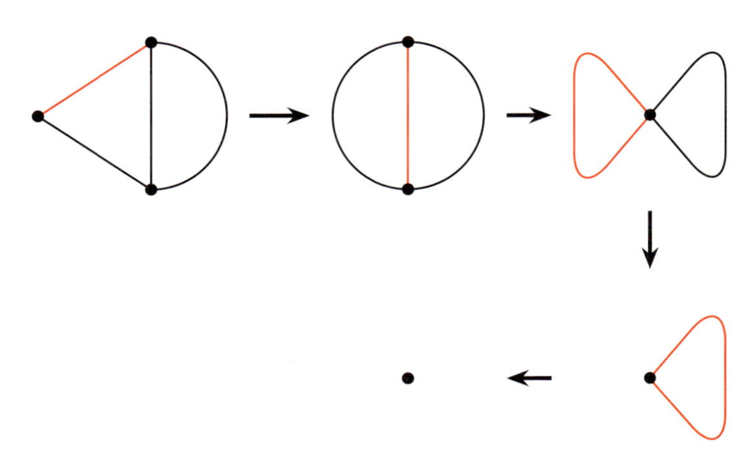

## f. ブリュッセルズ・スプラウトとオイラーの公式

ブリュッセルズ・スプラウトは平面（平らな紙）の上で行うので，ここまでの球面グラフの話を平面グラフの話に翻訳しよう（球面上で遊んだほうが芽キャベツっぽいが）．射影直線の構成と同じように，球面を平面上に載せて，球面上の北極点（一番高い点）から平面に向けて投影することで，北極点以外の点と平面の点が1対1対応する．北極点が，球面グラフの辺や頂点に重なっていなければ，球面グラフは平面グラフに移される．球面グラフが連結な場合，対応する平面グラフも連結である．また，球面連結グラフの面は対応する平面が作り出す平面内の領域（これも面と呼ぼう）に移され1対1に対応する．北極点を含む面は，平面内の無限に広がる面に移り，球面グラフのそれ以外の面は，平面の有限領域の面に移される．

逆に，この対応を通して平面連結グラフから球面連結グラフが作れるので，オイラーの公式 $V-E+F=2$ は平面連結グラフに対しても成り立つ．

これで，ブリュッセルズ・スプラウトにおいて，最初から勝負が決まってい

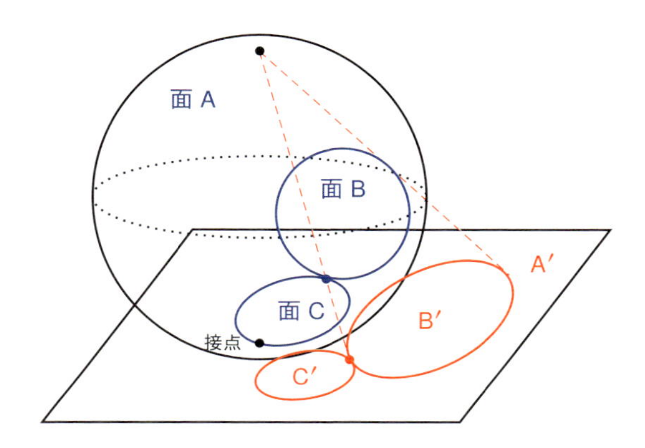


ることを証明する準備が整った.

**定理：ブリュッセルズ・スプラウトにおいて，最初の十字の数が奇数なら先手が勝ち，偶数なら後手が勝つ.**

最初に書いた十字や，突起を結ぶ線に短い線を交わらせた部分などの線が交わるところをグラフの頂点と考え，ブリュッセルズ・スプラウトで描かれる図を平面グラフだと考える（突起は無視する）．ゲームの各段階で残っている突起の数を $X$ で表すことにする．各手番で，二つの突起を消費するが，新たに二つの突起が加わるので $X$ の値は最初から最後まで変わらない．最初に書いた十字の数を $N$ とすると，突起の個数は $X=4N$ となる．

次にどのような状態になればゲームが終了するか考えよう．あるゲームの時点で，面のなかに生き残った突起が二つ以上あれば，それらを結ぶことができるのでゲームは終わっていない．ゲームが終わったときには各面に突起が高々一つしかないことになる．また，各面に突起が少なくとも一つあることも各ターンで突起を二つ付け加えることからわかる．ある面の突起二つを消費して線で結んでも，その線に突起がくっつくので，その面，もしくはその面を分割してできる新しい二つの面には突起があることになる．つまり，ゲーム終了時には各面にちょうど一つの突起が生き残っている．したがって，ゲーム終了時の面の数は $X=4N$ となる．またグラフが連結でなければ，離れ離れの部分のそれぞれに残った突起があり，それらを結ぶことができるので，ゲームが終了していない．したがって，ゲーム終了時にはグラフは連結である．

また，各手番で辺が2本（各手番で描く1本の線は，線の途中に描かれる突起により二つの辺に分かれる），頂点が一つ増えるので，ゲーム終了までの手数が$T$だとすると，終了時の頂点数は$V=T+N$，辺の数は$E=2T$となる．オイラーの多面体公式を平面グラフに一般化したものから

$$V-E+F=(T+N)-2T+4N=2$$

となり，式変形して

$$T=5N-2$$

となる．特に，$N$が偶数なら$T$も偶数，$N$が奇数なら$T$も奇数となる．そして，$T$が偶数ということは後手が最後のターンを行い，先手が線を引けないことになるので後手の勝ちになり，逆に$T$が偶数なら先手が最後のターンを行い，先手の勝ちになる．証明終わり．

### コラム：多面体の最新成果

数学の研究対象には，大理論を理解してからでないと定義すらできないようなものもある中で，多面体は非常に素朴な研究対象だ．ギリシャ時代には正多面体が5種類あることが知られていたことからわかるように，古くから研究されてもいた．

素数や関数などもそうだが，素朴な概念は数学の様々な場所に顔を出す．多面体も，筆者の専門である代数幾何に複数の違った現れ方をする．現実社会への応用がある数学の理論に線形計画法というものがあるが，そこでは多面体が基本的な研究対象となる．多面体は

$$a_ix+b_iy+c_iz+d_i \leqq 0 \quad (i=1,2,\cdots,m)$$

という形の連立1次不等式によっても記述される．つまり，多面体は複数の制約を満たすパラメータの組$(x,y,z)$の集合になる．線形計画法とは，そのような$(x,y,z)$の中で，ある関数$Ax+By+Cz$が最大になる点を求める方法を求める理論だ．例えば，3種類の材料を$x,y,z$キログラムずつ工場に運び，ある製品を作って売りたいが，トラックの大きさから$ax+by+cz$は100以下である必要があり，手持ち資金の関係で$a'x+b'y+c'z$が200以下である必要がある，などなどの制約があり，得られる利益は$Ax+By+Cz$だと

する．与えられた制約の中で利益を最大にする $x, y, z$ の組み合わせを求める—などが線形計画法が応用される現実の問題となる．パラメータは三つである必要はなく，$n$ 個のパラメータ $x_1, x_2, \cdots, x_n$ に対しても同じ問題を考えることができ，そこでは $n$ 次元多面体を考えることになる．

関数 $Ax+By+Cz$ は多面体の頂点で最大値をとるので，頂点の中で関数が最大になるものを探せばよい．そこで，まず頂点を一つ見つける．そこからスタートして，辺を一つ一つ辿っていき，関数の値がより大きくなる頂点へ移動していくというのが，基本的な戦略になる．

線形計画法に関する問題で長いこと未解決だったものにハーシュ予想がある．(3 次元) 多面体が $F$ 個の面を持つとき，高々 $F-3$ 本の辺を辿ることで関数が最大になる点にたどり着けるという予想だ．$n$ 次元の多面体では，3 を $n$ に変えて，面の個数 $F$ を高次元の面の個数で置き換えて，同様の主張が成り立つと予想されていた．3 次元では予想は証明されたが，4 次元以上では長いこと未解決だった．筆者は，専門分野からは離れているが，このような単純で重要そうな問題が未解決であることに興味を覚え，数年間の間に何度か予想を証明しようと試みたが，その都度失敗した．あるとき，予想は成り立たないのではないかと思い，コンピュータで反例が作れないかと考え，似たような先行研究をインターネットで探していたところ，なんとその 1 年前 (2010 年) にスペイン人数学者フランシスコ・サントス・レアルによって反例が構成されていたことがわかった．その反例とは 43 次元の多面体だった．そのような高い次元で初めて反例が見つかったということは，コンピュータによる探索ではすぐに計算量が爆発し失敗に終わったことだろう．彼の成果や，有名なワイルズによるフェルマーの最終定理の証明などのように，専門家以外でも理解できる比較的単純な問題で長いこと未解決だったものが解決されるというニュースが数学界ではたまに飛び込んでくる．普段，自分の研究でも，研究集会で聞く他人の研究発表でも，一部の専門家にしかわからない難解な数学にどっぷり浸かっていると，このようなニュースは非常に新鮮でワクワクさせられる．

第7章

# アステロイド＆トーラス・ゲームズ

## 貼り合わせて作る曲がった空間

### a. アメリカでヒットしたシューティング・ゲーム

1978年にタイトーが発売したアーケード・ゲーム，スペースインベーダーは世界中で大ヒットした．その次の年1979年に誕生したアタリ社のアーケード・ゲーム，アステロイドもアメリカで大きなブームとなった．アステロイドは英語で小惑星を意味する．ゲームは宇宙船を操作し，弾を発射して小惑星やUFOを破壊していくのが目的となる．このゲームは未だにファンも多く，スマートフォンやウェブ上のアプリに同種のゲームが多数存在する．

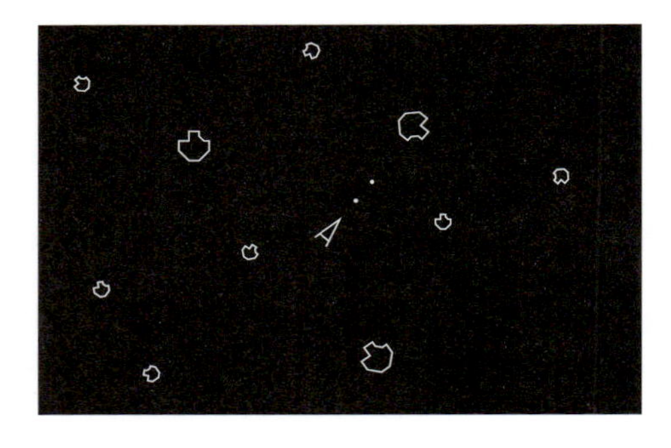

アステロイドのイメージ図

ゲームには最初，大きいサイズの小惑星が登場し，ゆっくりと動いている．これにプレイヤーが操作する宇宙船から弾を発射して当てると中サイズの複数の小惑星に分裂して動きが速くなる．中サイズの小惑星に弾が当たると小さい小惑星に分裂し，さらに速く動き回る．小さい小惑星に弾が当たると消滅する．ときどきUFOが出てきて弾で攻撃してくる．小惑星やUFOに触れると自分の宇宙船が爆発する．2回までは爆発しても復活するが，3回爆発するとゲームオーバーとなる．すべての小惑星を破壊すると，新たに大きな小惑星が前よりも多く登場し，ゲームが続いていく．多くの小惑星が飛び回る中を，巧みに宇宙船を操縦士，小惑星や UFO にぶつからないようにしながら，それらを破壊しなければいけない．

よくあるスクロール・タイプのシューティング・ゲーム（筆者のようなファミコン世代にとっては「よくある」だが，最近のシューティング・ゲームは FPS（本人視点シューティング・ゲーム）が主流なのだろうか）と異なり，アステロイドでは慣性の法則が成り立つ．宇宙船がいったん動き出せば，何も操作しなければその方向に一定速度で動き続ける．そこで，宇宙船の向きをレバーで捜査して，宇宙船後方からロケット噴射することで動きを制御するのだが，これが慣れないとなかなか難しい．

## b. ドーナツ宇宙

アステロイドにはもう一つ特徴がある．小惑星，UFO，宇宙船，弾などが画面の端に達すると，それらは反対の端から出てくる．上に向けて撃った弾で下にいる小惑星を破壊したり，宇宙船が画面の左に逃げて右から出てきたりすることができる．

このことは，ゲーム・アステロイドの宇宙はドーナツ型であることを意味している．画面が自由に曲げられる薄いシートであると想像しよう．画面を曲げて左の端と右の端をくっつけると，トイレットペーパーの芯のような円筒型になる．こうすると，平らな画面では左端から右端にワープしていたものが，円筒型ではワープすることなく連続的に移動して，単に貼り合わせでできた線を通過しただけになる．

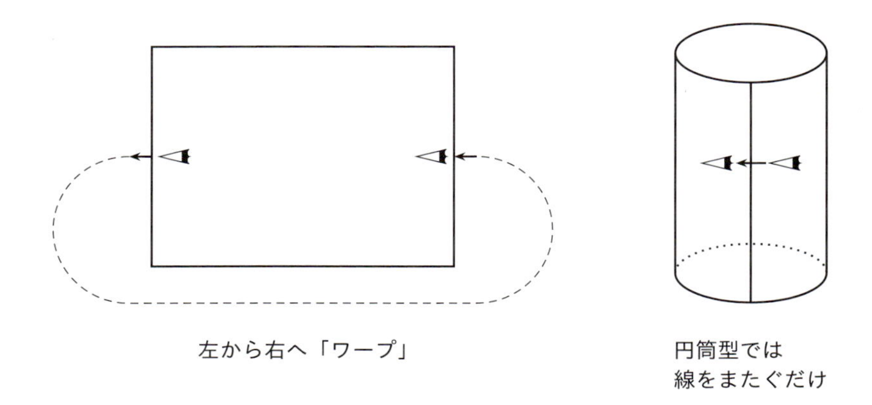


宇宙船がワープしたという，物理法則に反する（？）挙動をしたと理解するよりも,「本当のアステロイドの宇宙」では左右の端がくっついているのだと理解するのが自然に思える．地球の世界地図で一番よく利用されるメルカトル図法においても，右端と左端は本来くっついているものを，平らな紙の上に描く

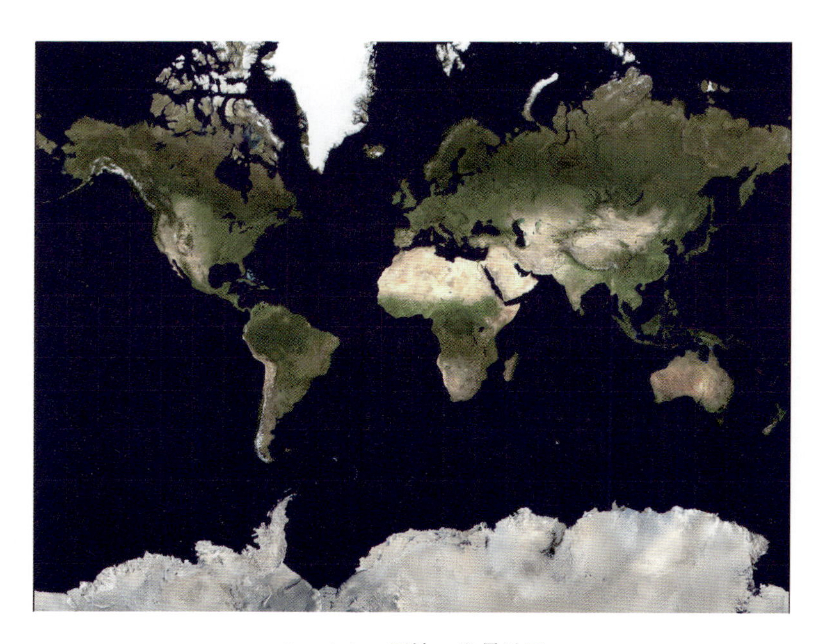

メルカトル図法の世界地図

ためにしょうがなく切り開かれ右と左に分かれたものだ.

円筒型で左右のワープは説明できるが，上下のワープはどうだろう．円筒を曲げて上下をくっつけることでドーナツ型にしよう．すると，上下のワープもドーナツの表面を連続的に移動したものとして説明できる．アステロイド宇宙はドーナツ型をしていると理解するのが自然なのだ.

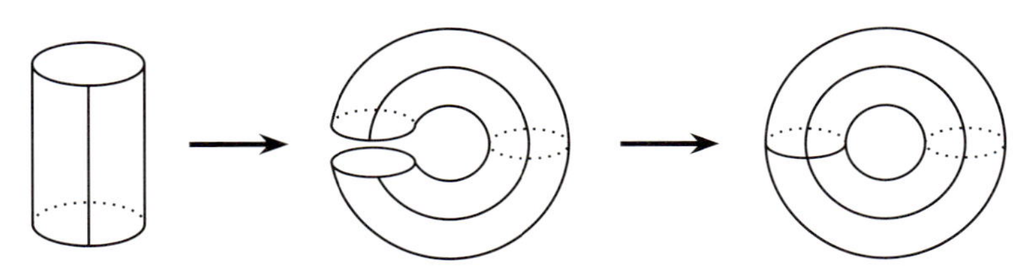

このドーナツ型の宇宙は，地球の表面と同じように，有限の大きさで端がない．つまり，この宇宙は射影平面と同じように閉じた曲面である（第5章g節）.

## c. トーラス・ゲームズ

ドーナツ型のことを数学の用語ではトーラスと言う．ただし，中身は含めず，ドーナツの表面だけからなる曲面がトーラスだ．ゲームをトーラスの上で（実際にはそれを切り開いてできる長方形の上で）行うものは沢山ある．ドーナツ型の世界はファミコン時代のRPG，ドラゴンクエストやファイナルファンタジーでも採用されていた．トーラスは現代の数学において非常に基本的なものであり，ゲームをそこで行うというのも自然なアイデアだ．そのようなコンピュータ・ゲームの一つにジェフ・ウィークスによるトーラス・ゲームズがある.

http://geometrygames.org/TorusGames/index.html

上のウェブサイトからiOS, Android, Mac, Windowsのプログラムをダウンロードできる.

トーラス・ゲームズにはトーラス上で遊ぶゲームが複数入っている．例えば，ビリヤード，五目並べ，迷路などがある．他にも3D三目並べ，3D迷路など，3次元トーラス（これについては後で説明する）で遊べるものもある．

様々なゲームで遊ぶことで次第にトーラスを感覚的に理解でき，より身近に感じられるようになる．トーラス・ゲームズでは，他の多くのトーラス上で行うゲームと違い，トーラスの切り開き方を変えることができる．長方形の端をくっつけてトーラスを作ったが，逆にトーラスからスタートしよう．トーラスには元々，切り開くための線はない．適当に線を引けば，その線に沿って切り開いて長方形が作れるが，線を少しずらすと他の切り開き方ができる．

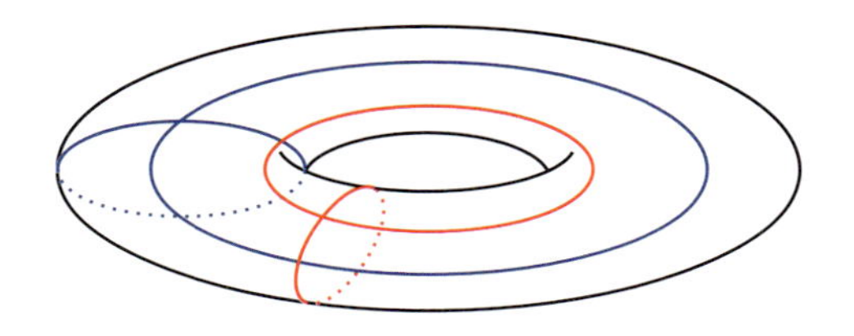

青線で切り開いても，赤線で切り開いても長方形になる．

## d. トーラスとタイル貼り

トーラスの開き方の違いは平面上のタイル貼りによっても理解できる．いまドーナツ型の惑星があるとして，それを切り開いてできる正方形（絵を描きやすくするために長方形でなく正方形にする）の地図を考える．地図の左端まで行くと右端へジャンプしないといけないのだが，その代わりに地図をもう1枚コピーしてその右端と元の地図の左端をくっつける．こうすると，ジャンプしなくてもよくなる．コピーをもっと沢山用意して，右，上，下にも同じようにコピーをくっつけると，上下左右のどの端でもジャンプしなくてよくなる．まっすぐ進み続けると今度は付け足したコピーの端に到達してしまうので，さらにコピーを継ぎ足していく．これを無限に繰り返し，無限のコピーを平面に敷き詰めることを想像しよう．

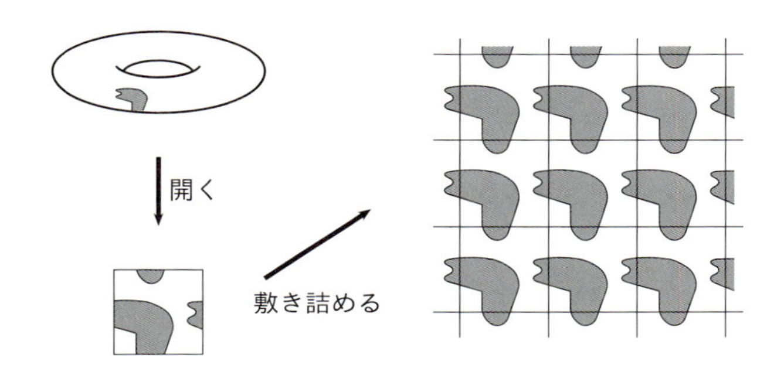


同じ形，同じ模様のタイルを床や壁に敷き詰めたようになる．正方形の１辺の長さだけ，上下に移動しても，左右に移動しても，地図が指す場所はトーラスの同じ場所だ．元の場所がトーラス惑星の陸なら，移動後も陸，元の場所が海なら，移動後も海になる．このように，縦にも横にも周期的になっている模様は２重周期的と言う．ここで，地図はそのままに，貼り合わせの境界線になっている線を全て同じだけ平行移動してみよう．すると，平行移動してできる無限個の正方形の中の模様はやはり，どれも同じだ．その正方形の一つをとって端を貼り合わせることでトーラスができる．こうして作られたトーラスは，最初のトーラスと模様まで含めて同じもので，ただ切り開き方が変わっただけなのだ．

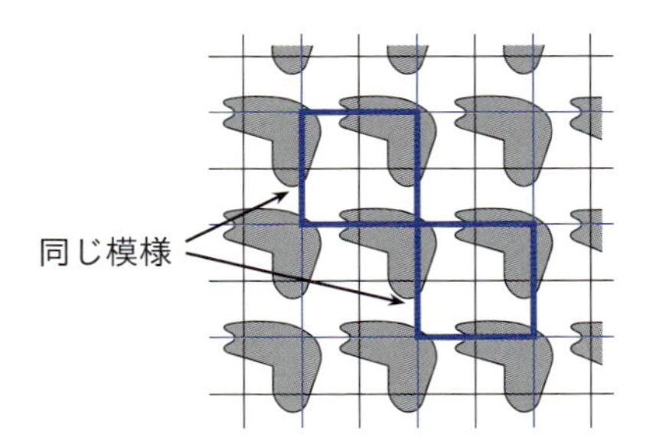


トーラス上の模様を決めることと平面上の上下左右に２重周期的な模様を決めることは同じことで，１辺の長さが周期と同じ正方形で傾いていない領域に制限することで，トーラスを正方形に切り開いた地図が得られる．

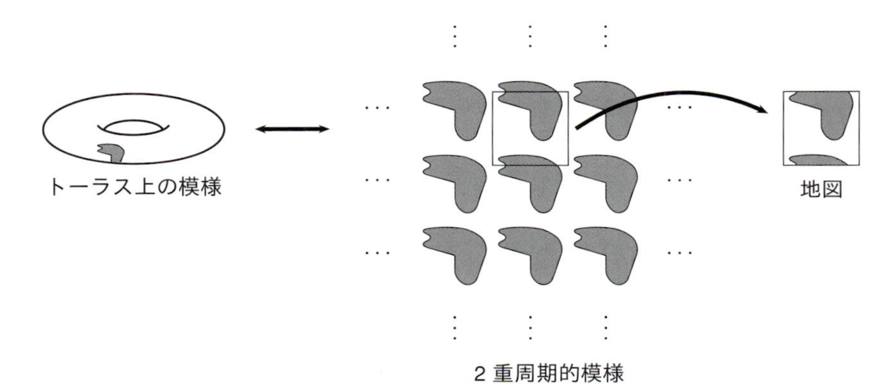


トーラス・ゲームズでは，この正方形を自由に動かすことができる．トーラス上のビリヤードで，玉が正方形の端に来て見づらい場合には，それを真ん中に持って行くことができる．

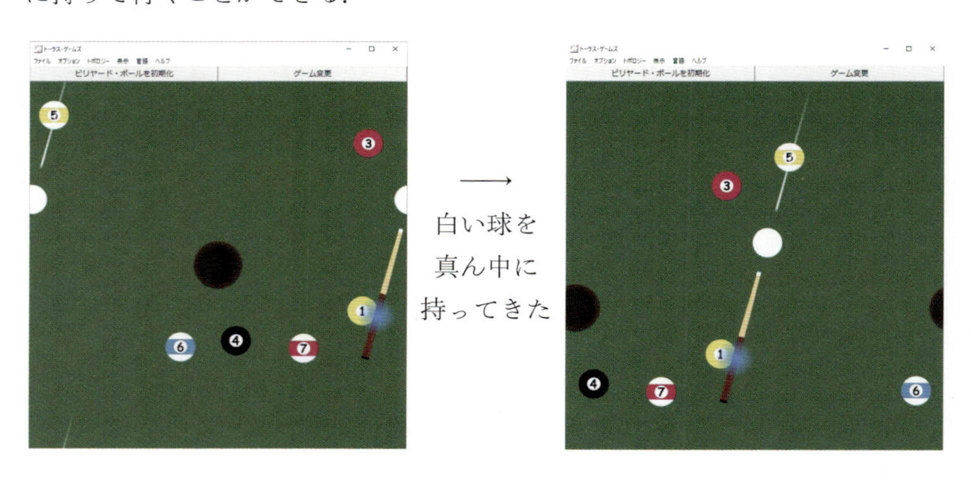


## e. メビウスの帯，クラインの壺，射影平面

長方形の端を貼り合わせるやり方に少しひねりを加えると，トーラスとは違った面白い曲面ができる．まず，左右の端を合わせて円筒を作る代わりに，長方形の右端を180度ひねってから貼り合わせる．イメージしやすいように長方形は横長の帯のようなものを想像するとよい．こうしてできる曲面はメビウスの帯と呼ばれる有名な曲面になる．

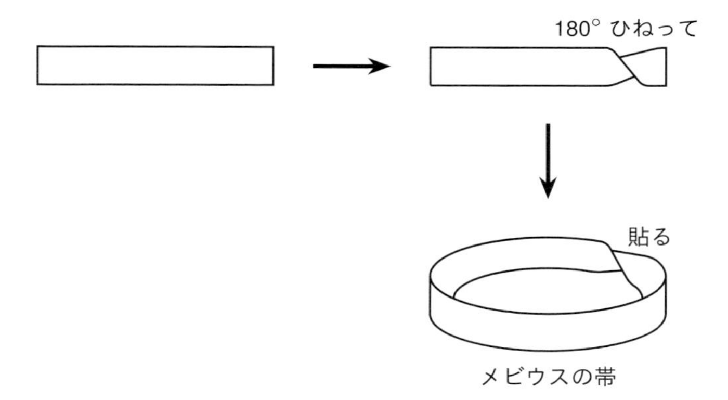


メビウスの帯

メビウスの帯の一番の特徴は裏と表がないということだ．これを説明するために帯の上を歩く蟻に登場してもらおう．蟻が，元々は長方形の表側だった部分を長方形の左側だった方に歩いて行くとする．貼り合わせた線を越えると，長方形の裏側だった面の上を歩き始めることになる．さらに進んでいって，もう一度線を越えるとまた表側にもどる．このように表面を歩いているうちに，いつの間にか表から裏へ，裏から表へ移ってしまう．

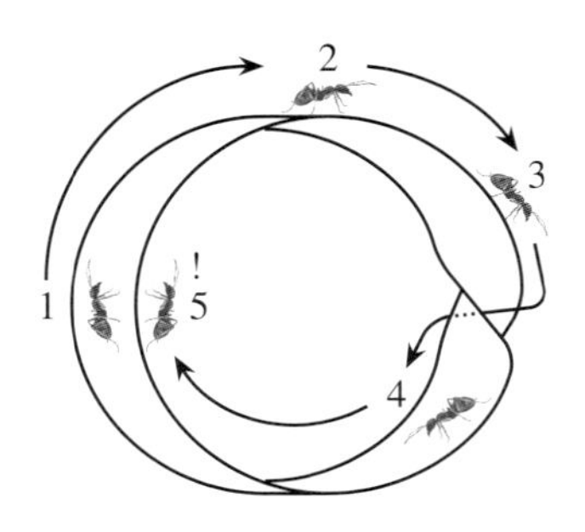


いつの間にか反対側へ．

メビウスの帯は球面やトーラスと違い端がある，つまり閉じていない曲面だ．元の長方形の4辺のうち，左右の短い2辺は貼り合わせによって端ではなくなるが，上下の長い2辺は端のままにとどまる．（ただし，くっついて一つのループになる．）端がないけれど，メビウスの帯と同じように裏表の区別がない曲面にクラインの壺がある．これも長方形を貼り合わせて作られる．まず，トーラスの場合と同じように左右の端を貼り合わせて円筒型にする．次に，上下

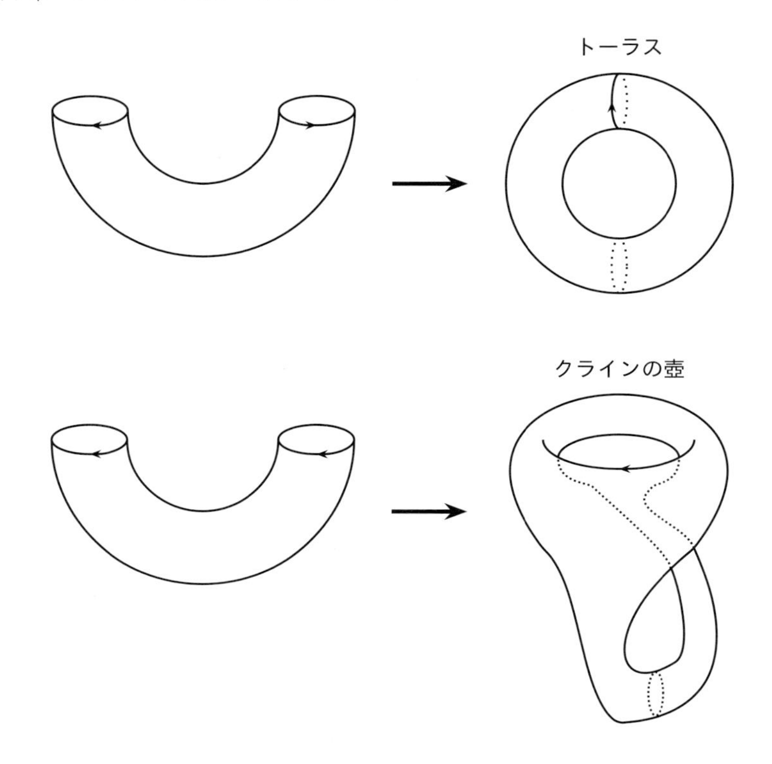


の端をトーラスとは逆向きに貼り合わせる．

しかし，そのような貼り合わせ方は物理的に不可能で，円筒が円筒をすり抜けて初めて可能になる．しかし，クラインの壺という場合，絵にあるように曲面が自分自身で交差しているものを指すのではなく，交差しないように円筒の両端を貼り合わせた曲面を指す．3次元ユークリッド空間 $\mathbb{R}^3$ の中で貼り合わせようとするので無理が生じるのであって，もう一つ次元の高い4次元空間 $\mathbb{R}^4$ の中では自己交差することなく貼り合わせることができる．4次元空間での貼り合わせを説明するために模式的に，$xyz$ 座標を持つ3次元空間を平面のように描き，それと直交する $w$ 軸で四つ目の次元を表すことにする．

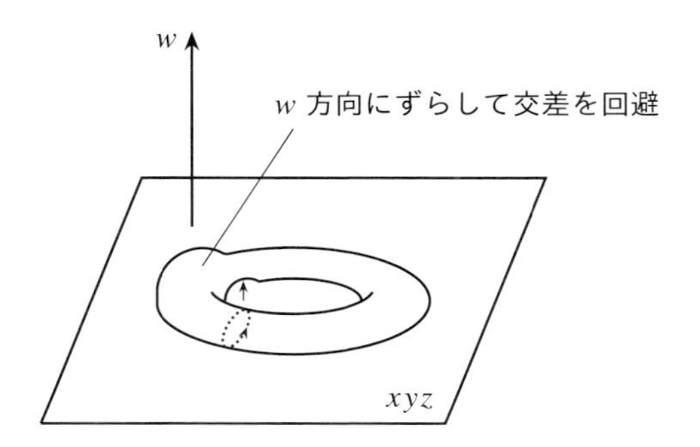


図のように，クラインの壺を作るために円筒の両端を貼り合わせるとき，自己交差しそうになったときに，ひょいっと $w$ 軸方向に少し持ち上げると交差をしないようにできる．

トーラスとクラインの壺の構成において，長方形の左右の辺が貼り合う向きを図示すると次のようになる．

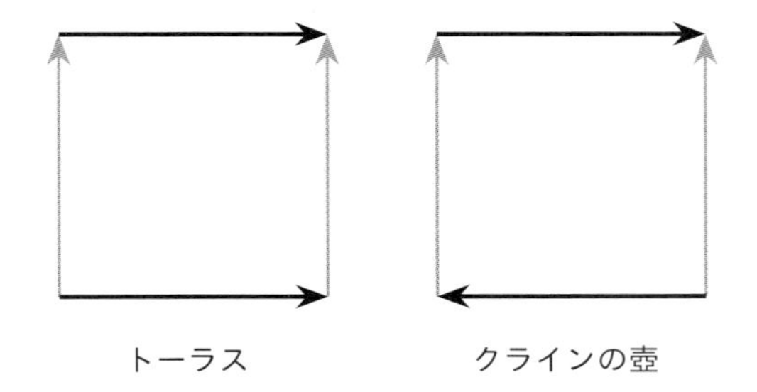


トーラスでは左右の辺の向き，上下の辺の向きを保つように貼り合わせるが，クラインの壺では左右の向きは保ち，上下の向きは逆になるように貼り合わせる．では，左右，上下ともに逆向きに貼り合わせるとどうなるか．答えは，第5章に登場した射影平面（とトポロジー的に同じもの）になる．

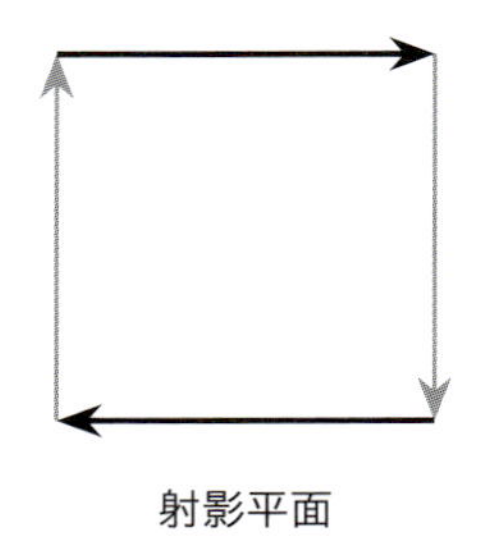

射影平面

クラインの壺と同じように自己交差してしまうので，射影平面も３次元ユークリッド空間内には実現できない．

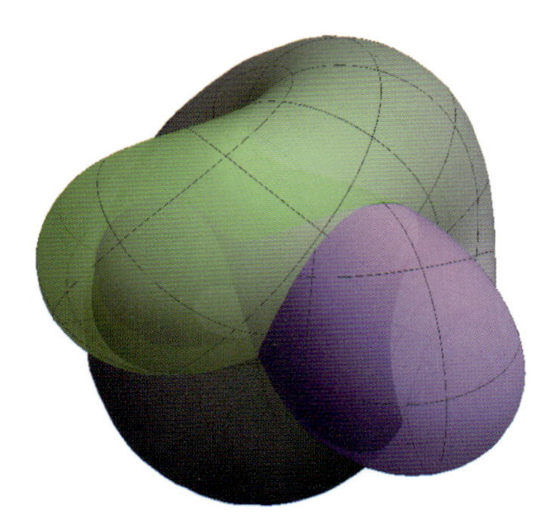

Boy 曲面（射影平面を自己交差させて $\mathbb{R}^3$ の中に埋め込んでできる曲面）

トーラス・ゲームズでは，トーラスだけでなくクラインの壺の上でも遊ぶことができる．メニューの「トポロジー」から「クラインの壺」を選べる．

上の画像は迷路ゲームでトポロジーにクラインの壺を選んだものだ．ネズミの体が右上にあり，頭が左下から出ている．チーズが左上と右下からでている．これは上下の辺をねじって貼り合わせている，つまりこの迷路はクラインの壺の上の迷路ということになる．

ビリヤードをクラインの壺の上でやると，いくつかの球に書いてある数字が反転している．これはクラインの壺が裏表の区別のない曲面であることの現れ

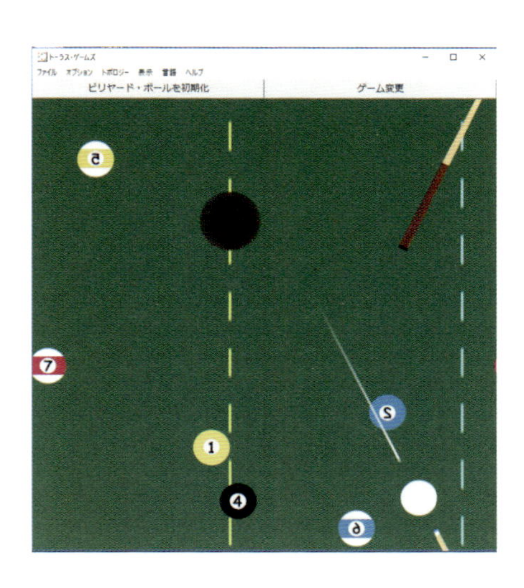

だ．球は動き回っているうちに面の反対側に行ってしまうのだ．ただし，それでは，球がぶつからずにすれ違ってしまうので，ゲームでは単に見かけが反転するだけとなる．3次元の球が曲面に接しているというより，球も2次元の円板が曲面に貼り付いていると考えた方がしっくりくるかもしれない．

## f. 射影平面と貼り合わせ

なぜ四角の上下の辺，左右の辺を，向きを逆にして貼り合わせると射影平面になるのかは説明を要する．射影平面はユークリッド空間 $\mathbb{R}^3$ の原点を通る直線の集合と見なせた．$\mathbb{R}^3$ の原点を中心とした球面の上半分（$z \geqq 0$）を考えよう．つまり，球面を地球に見立てて，赤道を含めた北半球を考える．原点を通る直線のうち水平でないものは，この半球面とちょうど1点で交わる．一方，水平なものはちょうど2点で交わる．

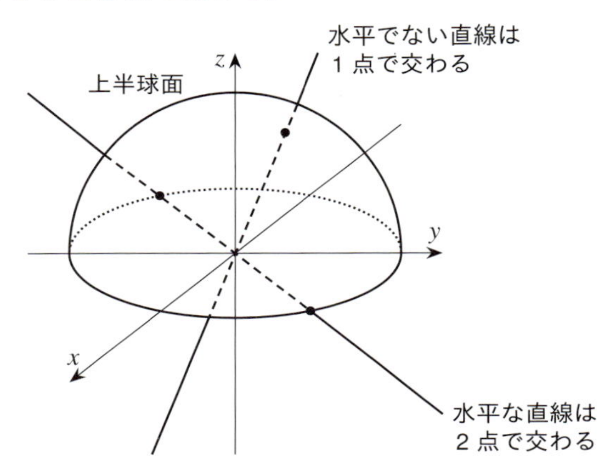


射影平面の点とは $\mathbb{R}^3$ の中の原点を通る直線だった（第5章f節）ので，半球面の点は射影平面の点とほとんど1対1に対応するが，赤道上の点は，中心対称の2点一組が射影平面の1点に対応することがわかる．そこで，半球面の端にある対称な2点をくっつければ射影平面が得られる．トポロジー的には，半球面を $xy$ 平面に射影して，円盤（$\mathbb{R}^2$ において原点からの距離が1以下の点全体）を考えても同じだ．そこで，射影平面は円盤から，円周の中心対称の点を貼り合わせたものになる．さらに，円を連続的に変形して四角にすれば，上下の辺，左右の辺の向きを逆にして貼り合わせることになる．

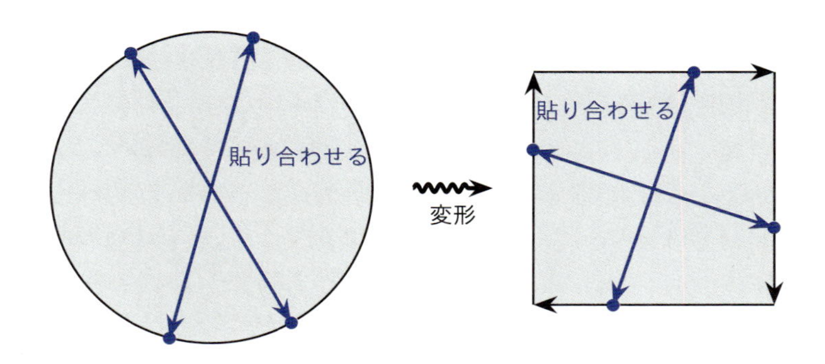


## g. 多様体と地図

数学科で学ぶ幾何学では，曲がった $n$ 次元空間を扱う．あらゆる次元の曲がった空間を厳密に表現する数学の概念が多様体と呼ばれるもので，数学科の3年生ぐらいで勉強する．

多様体がどういうものか見るため，2次元多様体の例である球面を考えよう．地球の表面は球面だ．それをユークリッド平面の上にできるだけ正確に表現するのが地図である．地球全体を描く世界地図の描き方はいろいろありうるが，中でもメルカトル図法（94ページの地図参照）が有名だ．

メルカトル図法では北極と南極が長方形の上下の辺に引き延ばされている．特に，地図上の点と地球上の点の1対1の対応は失われる．また左右の辺は，地球上の同じ線に対応するので，ここでも1対1対応が崩れる．他にも様々な図法があるが，球面を切り開かずに1対1対応を保ちながら平面上に描く方法はない．

地球全体を描こうとすると，どうしてもこのような不都合が出てくるが，日本地図，ヨーロッパの地図，アフリカの地図など，一部だけを描くことで満足することにすると，ゆがみが少なく，地図の点と地球上（の一部）の点が1対1対応するように描くことができる．各地域の地図を用意することで地球全体をカバーすることができる．しかし，世界一周に出かけるときは，これらの地図を個別に見るだけではダメで，これらが互いにどのように繋がっているのかも知る必要がある．例えば，ヨーロッパの地図とアフリカの地図を地中海のあたりで重ねることで，ヨーロッパ－アフリカ間のルートについて調べることが

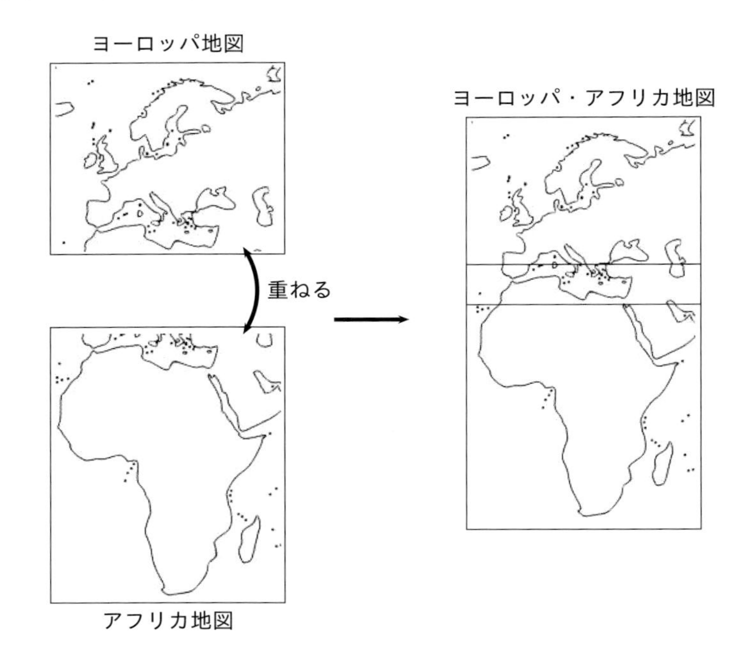


できる．

逆にこれさえ知っていれば世界中を旅行できる．全ての地図を全部貼り合わせて球面にする必要はない．二つの地図の組それぞれについて，それらが重なる部分があるのか，あるとしたらどのように重なるのかを知っていればよいのだ．これにより球面を知ったことになるというのが多様体の考え方だ．

この考え方を元に，多様体をもう少し数学的に説明すると，$n$ 次元多様体とは $n$ 次元ユークリッド空間 $\mathbb{R}^n$ の領域（正確には開領域）$U_1, U_2, U_3, \cdots, U_r$ と，各 $i, j (1 \leqq i < j \leqq r)$ に対し $U_i$ と $U_j$ をどのように貼り合わせるかという情報，つまり $U_i$ の一部と $U_j$ の一部の間の1対1対応の情報のことだ．貼り合わせを実際にある次元のユークリッド空間 $\mathbb{R}^m$ の中で行う必要はない．

クラインの壺や射影平面は3次元ユークリッド空間の中では自己交差することなしに構成することができない．クラインの壺や射影平面を2次元多様体として理解するために，辺を貼り合わせる前の正方形で，次のような領域 $A_1, A_2, B$ を考えよう．

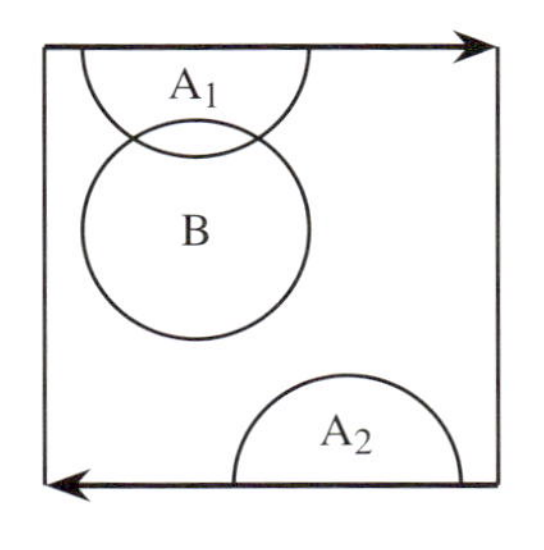


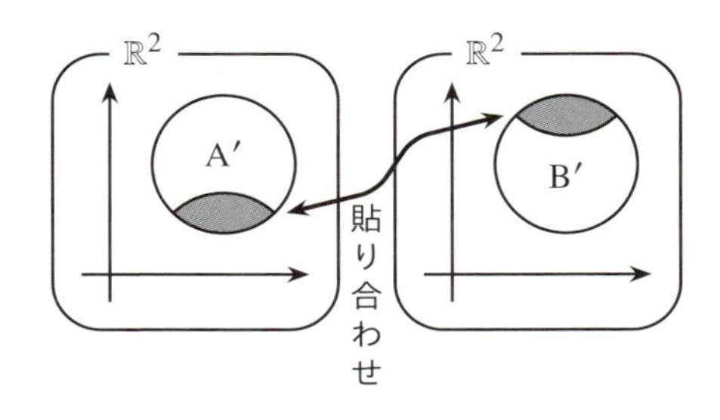


$A_1$ と $A_2$ は貼り合わさって一つの領域になる．この領域の地図は，ユークリッド平面内の円盤状の領域 $A'$ として描くことができる．領域 $B$ もユークリッド平面内の円盤状の領域 $B'$ として地図にすることができる．そして，$A$ と $B$ の重なりは，$A'$ の一部と $B'$ の一部の間の貼り合わせの情報に翻訳される．$A, B$ のような領域を増やしていき，それらをユークリッド平面内の領域に対応させ，貼り合わせの情報を加味することで，クラインの壺や射影平面を多様体と見なすことができる．

## h. 多面体の面を貼り合わせる

トーラスやクラインの壺は２次元だが，トーラス・ゲームズにはそれらの３次元版で遊べるゲーム「3D 三目並べ」と「3D 迷路」も入っている．3D 迷路は

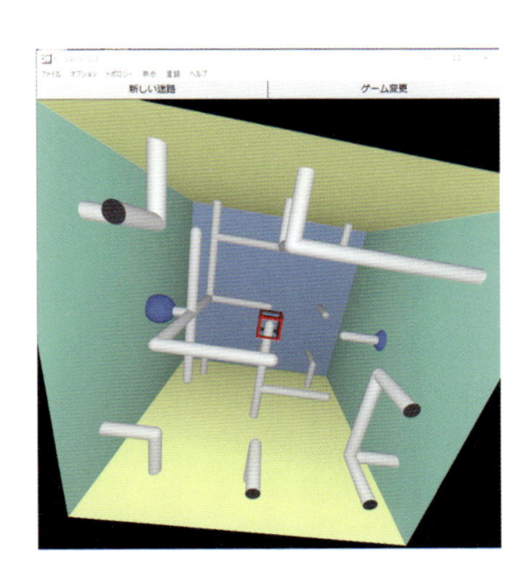

（デフォルトの空間は３次元トーラス）立方体内部にパイプがあり，それに沿ってボールを動かしてゴールに導く．立方体の内壁に達したら，反対の壁から出てくる．

立方体の向き合った面を貼り合わせてつくった３次元トーラスと呼ばれる空間の中で遊んでいることになる．

立方体の面の貼り合わせを頭で思い浮かべるのは至難の業だ．二組の貼り合わせまではなんとか想像できる．一組目の貼り合わせで角張った指輪のようになり，それを引き延ばして竹輪のようにしてから，端と端を貼り合わせると中がくりぬかれたドーナツができる．

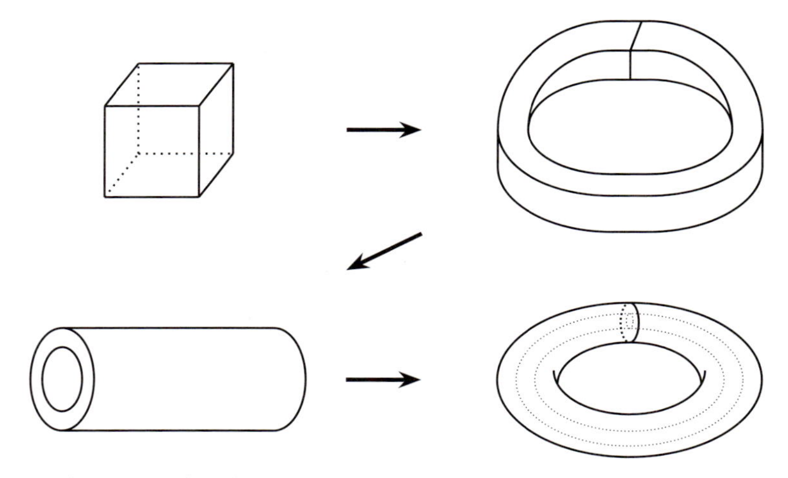

これで二組の面を貼り合わせた．できた立体は外と中の表面がそれぞれトーラスになっている．最後の貼り合わせは，これら二つのトーラスを貼り合わせることになるが，これを想像するのは難しい．しかし，数学的には実行可能である．d 節でタイル貼りでトーラスを理解したように，３重周期的に空間を埋め尽くす「模様」として３次元トーラスを理解してもよい．

## i. Curved Spaces

クラインの壺を上下の辺をひねって貼り合わせたように，立方体の面をひねって貼り合わせてもよい．3D 迷路では，このようなひねりを加えた空間も選べる．辺の貼り合わせでは向きを逆にすることしかできなかったが，正方形の面の貼り合わせでは，いろいろなひねり方がある．ある線で反転させたり，90度または180度回転させたりなどである．3D迷路で選べる空間もこれらのひねり方に対応して，3次元トーラスの他に3種類用意されている．

立方体以外の多面体の面を貼り合わせることもできる．トーラス・ゲームズと同じ作者によるCurved Spacesというソフトウェア（ゲームではないが）では，いろいろな貼り合わせ方をした空間を疑似体験できる．

http://www.geometrygames.org/CurvedSpaces/index.html

### コラム：ポアンカレ予想と国際数学者会議の思い出

幾何学における近年の大きなニュースといえば，なんといってもポアンカレ予想の解決だろう．4 次元空間 $\mathbb{R}^4$ の中で，$w^2+x^2+y^2+z^2=1$ で定まる図形（多様体）を 3 次元球面と呼ぶが，単連結という性質を満たす 3 次元の閉じた多様体は実は 3 次元球面とトポロジカルには同じであるという予想で，1904 年にフランスの大数学者ポアンカレにより予想され，約 100 年後，ロシア人数学者ペレルマンが 2002 年から 2003 年にかけて発表した論文により証明された．このポアンカレ予想には 100 万ドルの懸賞金が掛けられていた．アメリカのクレイ研究所が 2000 年に，数学における七つの重要な未解決問題を選び，その解決にそれぞれ 100 万ドルの懸賞金をかけ，その中の一つがポアンカレ予想だった．ちなみに，残りの六つは未解決である．ペレルマンは結局懸賞金の受け取りを辞退した．彼はこの業績により数学界最高の栄誉であるフィールズ賞も授与されることが決まったが，その受け取りも辞退している．フィールズ賞は，よく数学のノーベル賞に例えられる．ノーベル賞には数学部門がなく，フィールズ賞が数学での最高の賞とされているのでこのように言われるが，以下の点でノーベル賞と性格が異なる．まず，40 歳以下の人しか受賞できない．したがって，ノーベル賞のように，すでに引退した人に何十年も前の業績に対して授与されることは無く，現役バリバリの数学者が受賞する．また，フィールズ賞は 4 年に一度開催される ICM（国際数学者会議）で発表され，毎回 2 名から 4 名が受賞する．1 年平均では 1 名以下なので，ノーベル賞より希少価値があるとも言える．

筆者は ICM に 1 回だけ参加したことがある．ペレルマンへのフィールズ賞の授与が発表された 2006 年，スペイン・マドリッドで開催された回だ．ペレルマンは ICM の前から話題になっていたように記憶している．このときは，ペレルマンも含めて 4 人にフィールズ賞が授与された．その中の一人がテレンス・タオで，そのとき若干 31 歳．すでに数々の業績をあげていた有名な数学者だった．まだ駆け出しの数学者だった筆者は，たった三つしか年が離れていないスーパースターに大きな刺激を受けた．とはいっても，数学業界では早熟の天才と割とよく出会うので，筆者のように理解の遅い人間が張り合っても精神的に参ってしまうから，自分のペースで頑張るようにしている．

マドリッドでの ICM では，数学の王様ガウスの名を冠したガウス賞が新設され，第 1 回受賞者が発表された．受賞者は日本人の伊藤清で，確率微分方程式などの業績が認められた．筆者が何をしたわけでもないが，同じ日本人として誇らしく感じられた．ICM はいろんな分野のセッションが行われるので，普段あまり接点のない分野のセッションを覗いたりした．数学史のセッションではニュートンがなぜ研究成果をあまり公表しなかったかを分析する講演をしていたのを覚えている．

ICM には世界中から数多くの数学者が集まるので，開催期間中はマドリッドの数学者の割合が急に上がったようで，地下鉄で ICM のバッグを持った人をよく見かけておかしかった．

第8章

# オイラー・ゲッター

## トポロジーを測る

### a. もう一つの陣取りゲーム

本書の最後に紹介するのは筆者自身が考案した「オイラー・ゲッター」というゲームで，一種の陣取りゲームだ．第2章で紹介したHexにヒントを得て，2010年に考案した．陣取りゲームのよく知られたものに，囲碁とオセロがある．どちらも，正方形を白黒二つの陣地に分けてその大きさを競う．オイラー・ゲッターもボードを二つの陣地に分け，その「大きさ」を競うのだが，「オイラー数」という少し変わった大きさの尺度を用いる．オイラー数は第6章で紹介したオイラーの多面体公式と関連している．

### b. ルール

オイラー・ゲッターで使うボードはハニカム（蜂の巣）状に小さい六角形のマスを，大きな六角形の形に敷き詰めたものを使う．全体が平行四辺形でも他の形でもよいが，中心対称（180度回転すると元の形に戻る）である必要があ

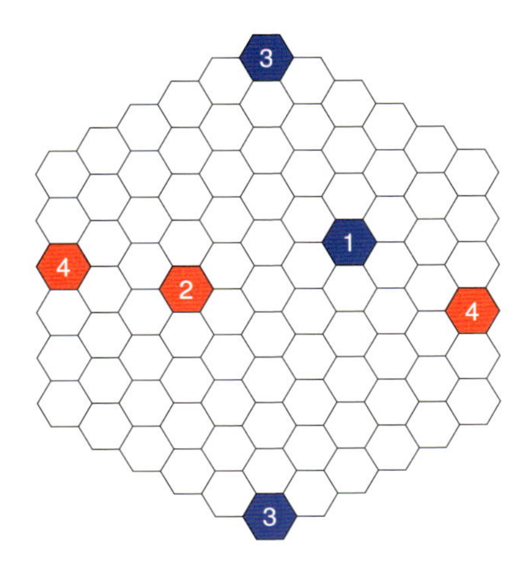

る．赤と青の二人のプレイヤーがいて，交互にマスを一つ選んで自分の色にする．ただし，一番外側のマスを選んだときは中心対称の位置にあるマスにも同時に色をつける．一番外側のマスは，今後は単に「端のマス」と呼ぶことにする．

前ページの図は4手まで終了したところだ．第3手と第4手は端の二つのマスを同時に色づけている．一度色のついたマスはゲーム終了まで色は変わらない．全部のマスに色がついたらゲーム終了となる．

中心対称の端のマスを同時に色づけるというルールは，射影平面の構成に対応する．六角形の向かい合う辺を下の図の矢印の向きがそろうように貼り合わせていることになり，それはまさに射影平面を作っていることになる（第7章f節）．

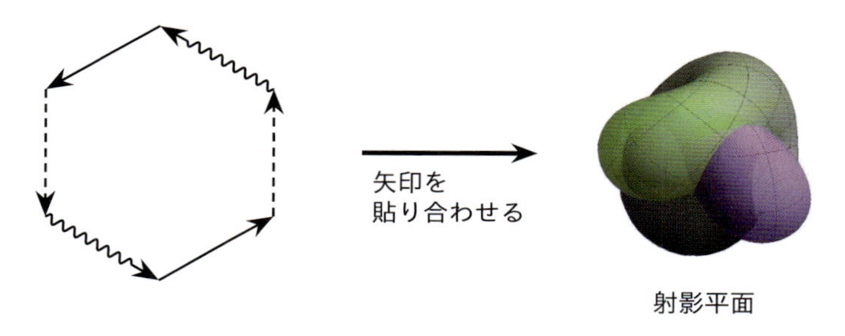


つまり，オイラー・ゲッターは射影平面を赤青二つの陣地に分けるゲームなのだ．ゲームの勝者は陣地の「オイラー数」が大きい方だ．オイラー数とは最も基本的なトポロジカル不変量の一つだが，詳細は次節以降で説明していく．オイラー・ゲッターは下の筆者のウェブページで遊ぶことができる．

http://www.math.tohoku.ac.jp/~yasuda/EulerGetterJP/index.html

（Classic というのが，ここで説明している基本形のゲームになる．それ以外のものは，射影平面以外の曲面を用いたり，六角形マスではなく四角形マスのボードを使ったりする変種になる．）

他に下のウェブページでも遊べる．こちらでは，平行四辺形のボードが使われている．

http://math.shinshu-u.ac.jp/~nu/javascript/ooeulergettered/alpha/

## c.「大きさ」とは？

大きさを測る尺度には様々なものがある．図形の大きさを測る尺度にも，長さ，面積，体積などがある．また，ものの個数も，集団の大きさを測る尺度として使われる．国の規模を測る尺度に人口を使うことはよくあるし，学生数の多い学校はマンモス校と呼ばれたりする．

このように，様々な大きさを測る尺度を統一する原理は何だろうか．まず，これら尺度は大きさを知りたい対象に対して0以上の実数を一つ定める．しかし，これだけで「大きさの尺度」と呼ばれる資格を持つわけではない．電話番号は電話の大きさの尺度ではない．資格を満たすための一番大事な要素が「加法性」という性質だ．加法とは足し算の意味だ．長さが $x$ の紐と，$y$ の紐の端をくっつけると，長さは $x+y$ になる．人口が $n$ 人の市と $m$ 人の市が合併すると，$n+m$ 人の市になる．立方体の上にピラミッドを重ねてできる図形の体積は，立方体の体積とピラミッドの体積を足し合わせたものになる．

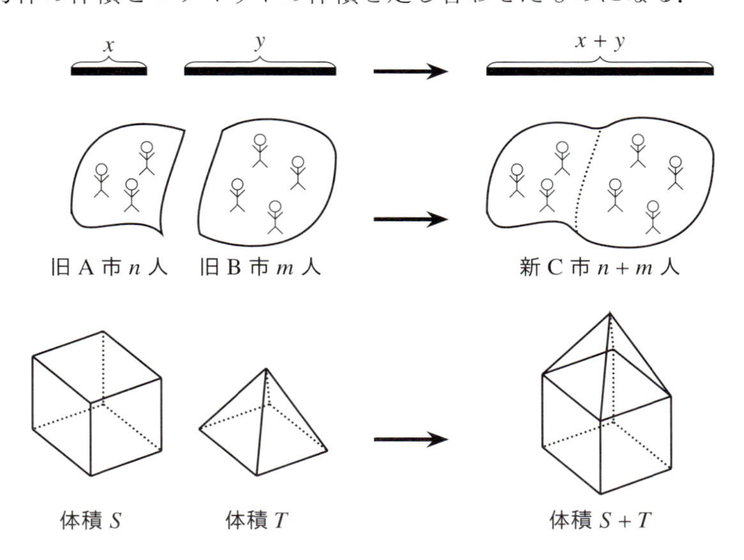


大きさの尺度は加法性を持つ．

しかし，加法性が成立するのは，二つの対象を交わりなくくっつけたとき，または交わりの大きさが0のときだ．例として二つの円を合わせてできる図形の面積を考える．二つの円が，離れているか，1点で接しているときは，合わせた図形の面積はそれぞれの円の面積を足したものになる．しかし，円が重なり合っているときは，単純に合計すると重なっている部分を2重に測ることになり，正しい面積にならない．正しい面積は，二つの円の面積の和から，重なっている部分の面積を引いたものになる．長さが$x$の紐と$y$の紐をくっつけるときも，長さ$z$だけ重ね合わせてくっつければ，できた紐の長さは$x+y-z$になる．このように，対象Aと対象Bを合わせてできる対象A∪Bの大きさは，Aの大きさ足すBの大きさ引くA∩Bの大きさになる（集合AとBに対し「A∪B」はAとBの和集合，「A∩B」はAとBの共通部分（交わり）を表す）．これは「包除原理」と呼ばれるもので，加法性を重なりがある場合に拡張したものになっている．

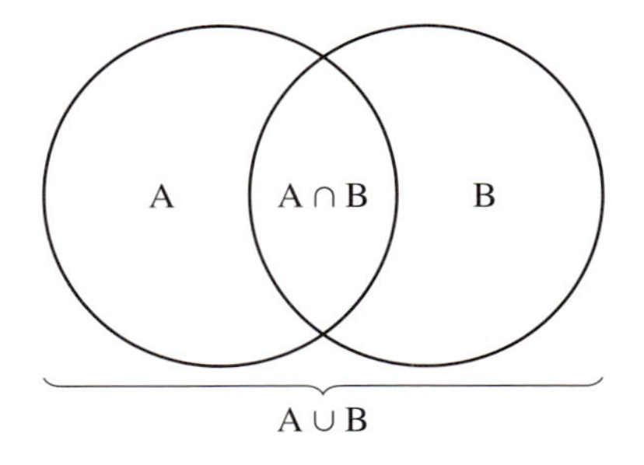


(A∪B の大きさ)
= (A の大きさ) + (B の大きさ)
− (A∪B の大きさ)

包除原理.

基本的に加法性とそれを拡張した包除原理が大きさの尺度の本質であり，これを満たすものは全て大きさの尺度であると思ってよい．

大きさの尺度のことを専門用語では「測度」と言う．高校や大学初年度に習う積分の理論（リーマン積分）を拡張するルベーグ積分を数学科の3年次ぐらいに習うが，この理論ではルベーグ測度という測度を用いる．また，現代的な確率論では，確率は測度と見なされる．

## d. グラフのオイラー数と包除原理

オイラー・ゲッターで用いるオイラー数も大きさの尺度と書いたが，その理由は加法性と包除原理が成立するからだ．しかし，値が負の数になり得る（！）という点で，通常の測度と異なる．しかし，これはお金の量を量ることを考えればそんなに奇異なことではないだろう．社会の各集団に対して，その総資産額を対応させると，包除原理が成立するので，これは大きさの尺度と言えそうだ．しかし，借金をして資産がマイナスの組織は，資産額が負の数になる．

オイラー数は様々な図形に対して定まるが，最初に簡単なグラフのオイラー数について説明しよう．グラフは頂点とそれをつなぐ辺からなる図形だった．グラフ G のオイラー数（オイラー標数とも呼ぶ）を $e(\mathrm{G})$ と書き，

$$e(\mathrm{G}) = (\text{頂点の数}) - (\text{辺の数})$$

という式で定義する．オイラー数をギリシャ文字 $\chi$（カイ）で表すことも多いが，本書ではオイラー（Euler）の頭文字の $e$ を用いることにする．ここでは，第 6 章で考えたように，面（辺で囲まれた領域）については考えないことにする．ただし，後で，グラフに面をくっつけた「面付きグラフ」というものを考える．

様々なグラフとオイラー数

| グラフ | |  | 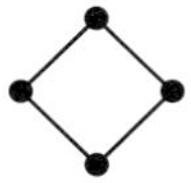 |  | 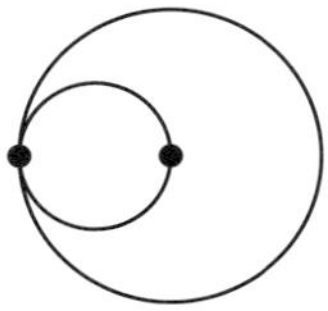 |
|---|---|---|---|---|---|
| 頂点 | 1 | 1 | 4 | 8 | 2 |
| 辺 | 0 | 1 | 4 | 7 | 3 |
| オイラー数 | 1 | 0 | 0 | 1 | −1 |

上の表の一番右のグラフは頂点が 2 個あるのに対し辺が 3 本あるのでオイラー数は $2-3=-1$ となり，負の数になる．また，全ての整数は，あるグラフのオイラー数となることが簡単にわかる．実際，正の数 $n$ に対して，辺を持たず $n$ 個の頂点だけからなるグラフのオイラー数は $n$ だし，頂点が一つ，辺が $n+1$ 本（全ての辺はループ）のグラフのオイラー数は $-n$ になる．

オイラー数の包除原理を見るために，下の A, B, C, D の四つのグラフを考える．

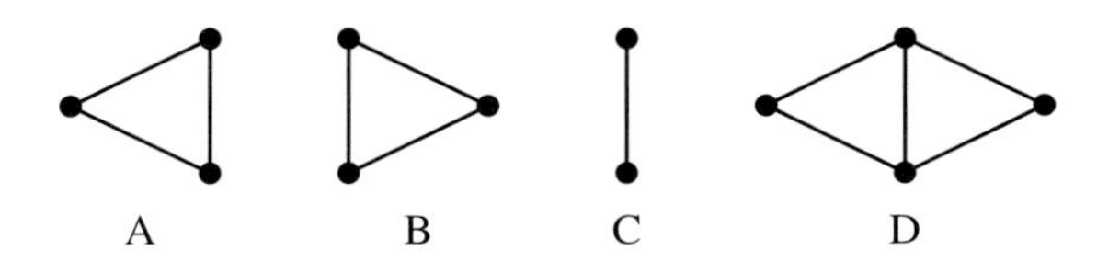


グラフ D はグラフ A とグラフ B をくっつけた形になっており，その際に A と B が重なる部分はグラフ C と同じなので，

$$\mathrm{D} = \mathrm{A} \cup \mathrm{B}, \quad \mathrm{C} = \mathrm{A} \cap \mathrm{B}$$

と書ける．グラフ A と B はともに，頂点を 3 個，辺を 3 本持つのでオイラー数は 0 だ．グラフ C は頂点を 2 個，辺を 1 本持つのでオイラー数は 1 であり，グラフ D は頂点を 4 個，辺を 5 本持つのでオイラー数は $-1$ だ．確かに包除原理

$$e(\mathrm{A} \cup \mathrm{B}) = e(\mathrm{A}) + e(\mathrm{B}) - e(\mathrm{A} \cap \mathrm{B})$$

が成り立っている．この包除原理が成立するのは，大きさを測る尺度の一つである「個数」が包除原理を満たすからだ．オイラー数は頂点の個数から辺の個数を引いたものだったが，頂点の個数と辺の個数それぞれについて，以下の包除原理が成り立つ．

(A∪B の頂点の個数)
　= (A の頂点の個数) + (B の頂点の個数) − (A∩B の頂点の個数)
(A∪B の辺の個数)
　= (A の辺の個数) + (B の辺の個数) − (A∩B の辺の個数)

そこで，これらの式の左辺，右辺それぞれで差をとると，オイラー数の包除原理が得られる．しかし，単に頂点や辺の個数を個別に見るのとは違い，オイラー数が面白いのは包除原理を満たすだけでなく，トポロジカル不変量になっている点だ．

## e. オイラー数はトポロジカル不変量

トポロジーでは，曲げ伸ばしで移り合う図形は同じものと見なすことを思い出そう．下の二つのグラフは，頂点を忘れて単なる曲線だと思うと，これらは曲げ伸ばしで写り合うので，トポロジーでは同じ図形だと見なされる．

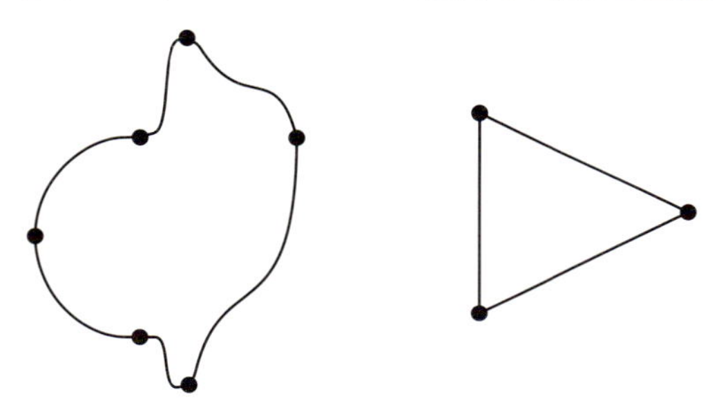

どちらのグラフもオイラー数は0だ．もっと一般に，輪っかの上にいくつかの頂点を置くとグラフができるが，このグラフは頂点の個数と辺の本数が等しいので，オイラー数は0になる．他の曲線についても同じことが言える．

**定理：二つのグラフは頂点を忘れて曲線として見たときにトポロジカルに同じであれば，オイラー数は同じになる．**

これは，次のように確かめることができる．まず，曲線を連続的に変形する際に頂点も一緒に動かせば，そして頂点同士がぶつからないように上手に動かせば，変形前後で頂点と辺の数は変わらずオイラー数は等しい．したがって，頂点を忘れた曲線は全く同一だとして，頂点の位置だけが異なる二つのグラフを比べればよいことになる．

曲線には必ず頂点を置かなければ行けない場所がある．行き止まりになっている端点と，枝分かれしている点だ．それ以外の場所は，どこに頂点を置いても大丈夫である．端点でもなく枝分かれもしていないところに頂点を一つ付け加えるとどうなるだろうか．まず，頂点は一つ増える．そして，一つの辺が二つに分かれるので，辺の数も1だけ増える．したがって，頂点と辺の増加が相殺され，オイラー数は変化しない．頂点を一つずつ加えていけば，同じ曲線を持つ全てのグラフを作ることができるので，オイラー数が曲線だけで決まることがわかった．

上の定理は，曲線をグラフにするための情報（頂点の個数と位置）が，オイラー数の値に全く影響しないことを意味している．そこで，それを曲線のオイラー数と定義することにする．つまり，曲線のオイラー数とは，その曲線に頂点を置いてできるグラフのオイラー数だと定義する．オイラー数は数学で基本的な考え方である「不変量」というものの重要な例になっている．何が「不変」なのかというと，オイラー数の場合は曲げ伸ばしで不変ということになる．したがって，オイラー数をトポロジカル不変量とも言う．

## f. 面付きグラフのオイラー数

グラフや曲線は1次元の図形だが，オイラー数は2次元以上の図形に対しても定めることができる．2次元の簡単なケースとして「面付きグラフ」というものを考えてみよう．ブリュッセルズ・スプラウトで見たように，頂点と辺だけでなく面も持つ平面図形だ．グラフに対して，辺で囲まれた領域を面としてグラフに付け足すことを許すことにする．そうすることで2次元の広がりを持った図形ができる．ただし，輪になっている領域や無限に広がっている領域は考えないことにする．このような領域は幾何学の基本的な構成要素ではないからだ．面はトポロジー的に円盤（第7章）と同じもののみを考える．グラフや面付きグラフを使ってオイラー数を定義するのは，いったん図形を基本構成要素に分解し，それを分析して全体の情報を得る行為であり，分解して統合するというのは科学の基本姿勢である．

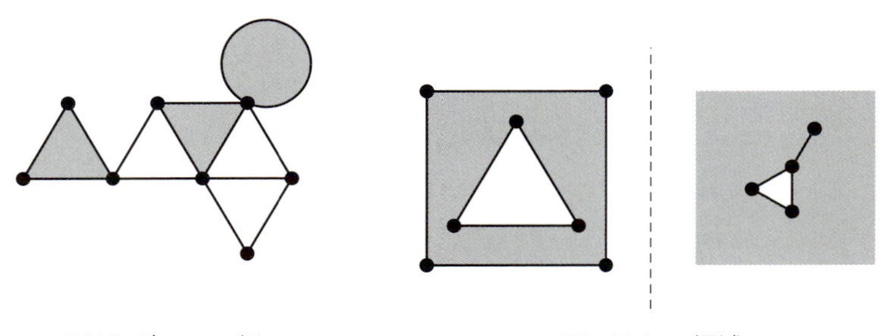

面付きグラフの例　　　　面ではない領域

面付きグラフに対して，オイラーの多面体公式で考えたように，頂点の数 $V$，辺の数 $E$，面の数 $F$ を用いて，オイラー数を次の式で定義する．

$$e(\text{面付きグラフ}) = (\text{頂点の数}) - (\text{辺の数}) + (\text{面の数})$$

面付きグラフのオイラー数はグラフのオイラー数と同様の性質を持っている．つまり，加法性と包除原理が成立し，トポロジカル不変量になる．包除原理は普通のグラフのときと同じように示せる．トポロジカル不変量であること，つまり曲げ伸ばしで不変であることについては，次の状況を考えよう．

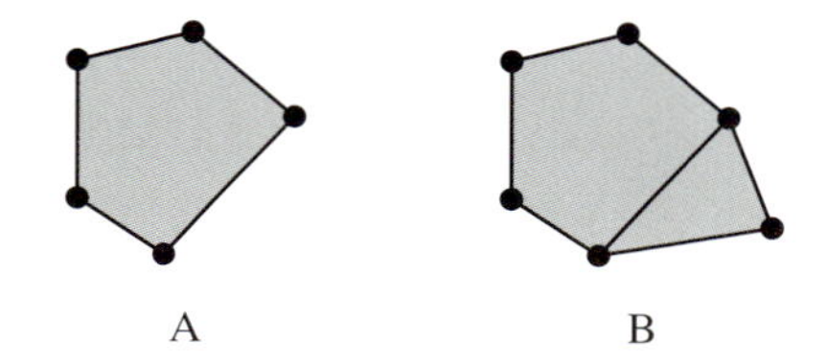


二つの面付きグラフは，辺や頂点の位置を忘れると，二つとも平面内の領域でどちらも円板から曲げ伸ばしして作ることができるので，トポロジー的に同じだ．B は A の右に三角形を付け足した形だが，これにより頂点は 1，辺は 2，面は 1 増える．そこで，面付きグラフのオイラー数では，頂点と面はプラスの寄与，辺はマイナスの寄与をするので，トータルの変化は $1-2+1=0$ となり，A と B のオイラー数は同じであることがわかる．

## g. 曲面のオイラー数

オイラーの多面体公式は多面体に対して，

$$(\text{頂点の数}) - (\text{辺の数}) + (\text{面の数}) = 2$$

が成り立つというものだった．これは，後世の視点からは，球面のオイラー数が 2 であることを言っている式だと解釈できる．一般に曲面のオイラー数は，曲面を頂点，辺，面の基本的構成要素に分解し，そこから個数の交代和をとって定義する．

$$e(\text{曲面}) = (\text{頂点の個数}) - (\text{辺の個数}) + (\text{面の個数})$$

球面のオイラー数を計算するときに，多面体を考える必要はない．例えば，赤道上に頂点を一つ置き，赤道を辺，北半球と南半球をそれぞれ面だとすると，

$$e(\text{球面}) = 1-1+2 = 2$$

と計算でき，多面体を考えるより，ずっと数えるのが楽になる．

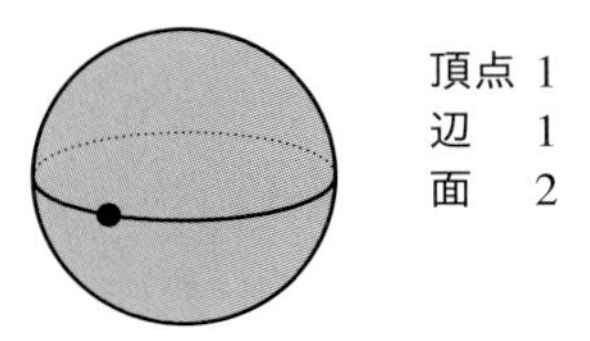


実は，辺を書く必要も無く，球面に一つだけ頂点を置き，それ以外の部分を一つの面だと思えば，

$$e(\text{球面}) = 1-0+1 = 2$$

と計算することもできる．

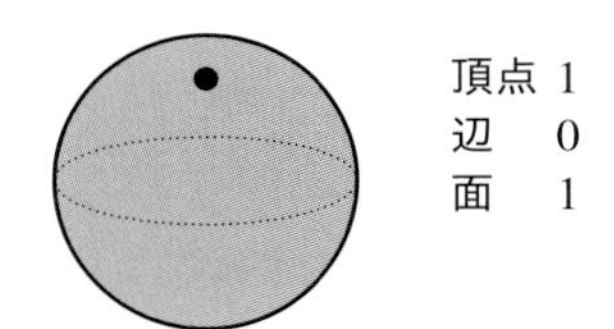


ただし，頂点を一つも置かずに，球面全体を一つの面と見なすことはできない．球面は円盤とトポロジー的にも異なり，基本要素とは見なせないからだ．

では，トーラス，クラインの壺，射影平面のオイラー数を順番に計算してみよう．これらの曲面は，正方形の向かい合う辺を貼り合わせることで作られるのだった．正方形の頂点，辺，面をそのまま使えば曲面のオイラー数を計算できる．ただし，貼り合わせにより正方形の複数の辺や頂点がくっついて曲面上では一つになるので，重複して数えないように注意する必要がある．どの曲面も面は一つだけだ．向かい合う辺を貼り合わせるのは，どの曲面も同じだ．向かい合う辺が曲面上で1本の辺になるので，曲面上には全部で2本の辺がある．頂点の個数は貼り合わせ方で変わる．トーラスとクラインの壺では，まず左右の辺を素直に貼り合わせるので，左上と右上の頂点がくっつき，左下と右下の頂点がくっつき，頂点数は2になる．そして，次に上下の輪を貼り合わせ

るときに，二つの頂点がくっつくので，結局頂点は一つだけになる．したがって，

$$e(\text{トーラス}) = e(\text{クラインの壺}) = 1-2+1 = 0$$

となる．一方，射影平面では，左右の辺もねじって貼り合わせるので，左上と右下の頂点，左下と右上の頂点が貼り合わさる．そして，もう 1 回貼り合わせるときには，これらはくっつかないので，射影平面上の頂点は 2 個だ．結局，

$$e(\text{射影平面}) = 2-2+1 = 1$$

となる．

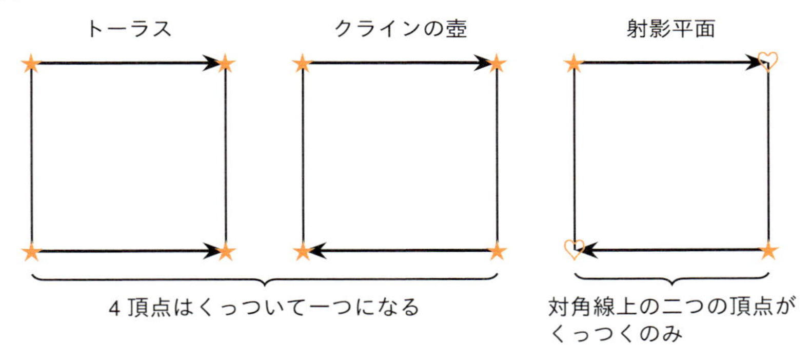


## h. オイラー数計算勝負：コンピュータ vs 人間

オイラー・ゲッターでは両陣地のオイラー数で勝負が決まるので，オイラー数を計算できなければいけない．各プレイヤーの陣地はボードのマス目により，頂点，辺，面の構成要素に分解されていて，面付きグラフになっている．（端のマスは中心対称の位置にあるマスと貼り合わせる必要があるので注意が必要だが．）そこで，オイラー数を計算するには定義通りに各陣地の頂点，辺，面を境界部分のものも含めて数えればよいのだが，実際にそれを実行するのはかなり大変だ．しかし，コンピュータには簡単にできてしまう．実際に，筆者が書いたプログラム（b 節で紹介したウェブページで動くプログラム）ではこのように計算している．人間にはこの方法は厳しいので，もっと簡単な計算方法を紹介しよう．その方法とは陣地の骨格を見るという方法だ．

| | A | B | C |
|---|---|---|---|
| 頂点 | 1 | 4 | 3 |
| 辺 | 0 | 3 | 3 |
| 面 | 0 | 0 | 1 |
| オイラー数 | 1 | 1 | 1 |

上の三つの面付きグラフは，どの二つもトポロジー的に異なる．1点を伸ばして，1次元や2次元の図形を作るような操作は，トポロジーで言うところの曲げ伸ばしでは許されない．しかし，オイラー数は全て等しく1になる．これらの図形は，曲げ伸ばしでは写り合わないが，変形収縮という操作で写り合う．$B$ のグラフは真ん中の頂点から枝が3本伸びているが，それをスルスルっと引っ込めれば $A$ になる．$C$ の三角形の辺を中心に向かって曲げて三角形を細くしていくと，その極限として $B$ が得られる．このような変形を「変形収縮」と言う．

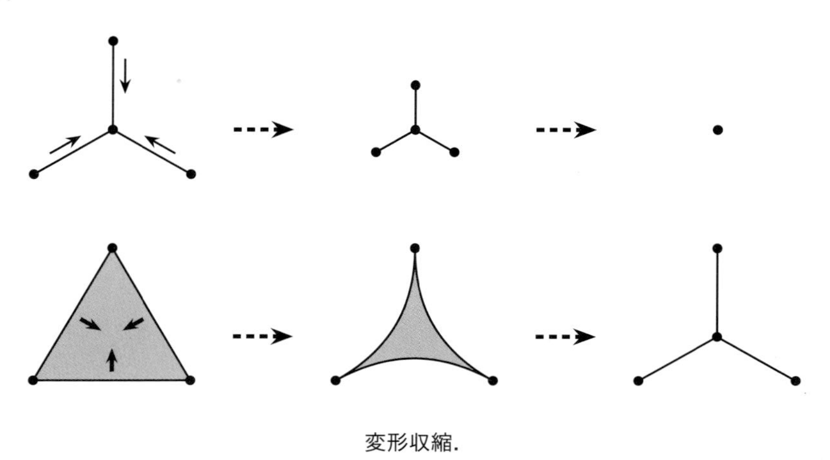

変形収縮.

しかし，輪っかを1点に潰すような変形は変形収縮とは言わない．例えば，$C$ から面を取り除いて三角形の面無しグラフ $C'$ を考えると，$B$ は $C'$ の変形収縮ではない.

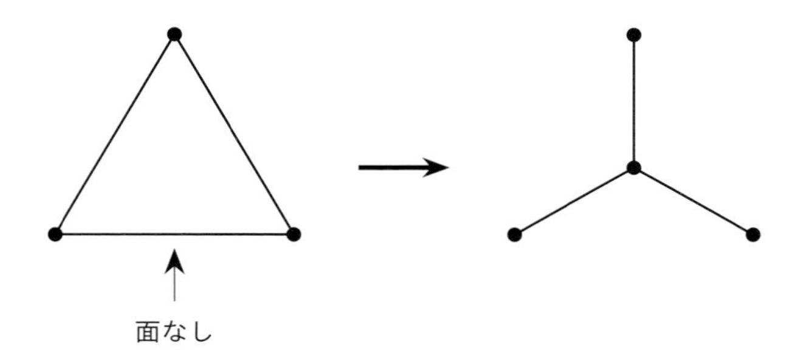


変形収縮ではない.

変形収縮は図形の骨格を取り出す操作だと言えばわかりやすいだろうか. 変形収縮の前後ではオイラー数が変化しない. グラフ $B$ から $A$ への変化では, 頂点と辺が 3 ずつ減るのでオイラー数は不変である. 面付きグラフ $C$ からグラフ $B$ への変化では, まず, $C$ に頂点と辺を付け足し, 下のような面付きグラフ $C'$ を考える.

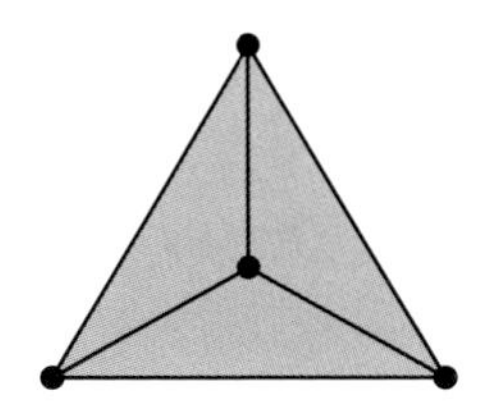

面付きグラフ C′.

$C$ と $C'$ は頂点や辺を忘れると同じ図形でありオイラー数は等しい. そして, $C'$ から $B$ へ変形するには, 外側の辺 3 本と全ての面三つを取り除けばよいので, やはりオイラー数は変化しない.

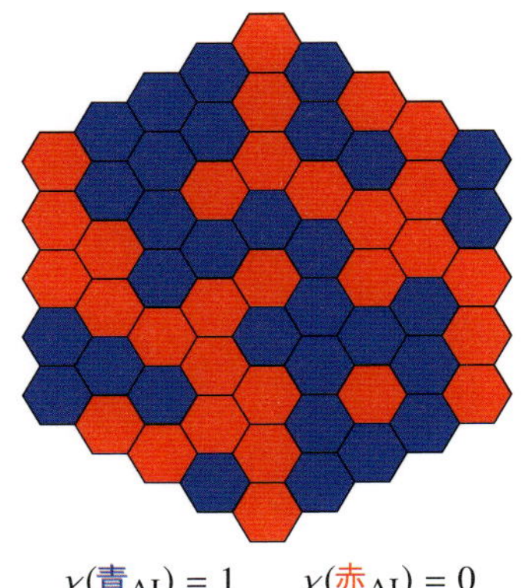

$\chi$(青$_{\mathrm{AI}}$) = 1　　$\chi$(赤$_{\mathrm{AI}}$) = 0

上のゲーム終了状態（ゲーム画面ではオイラー数を $e$ ではなく $\chi$（カイ）で表している）で青の陣地の骨格を描くと下のようになる．貼り合わせは細い線で表している．

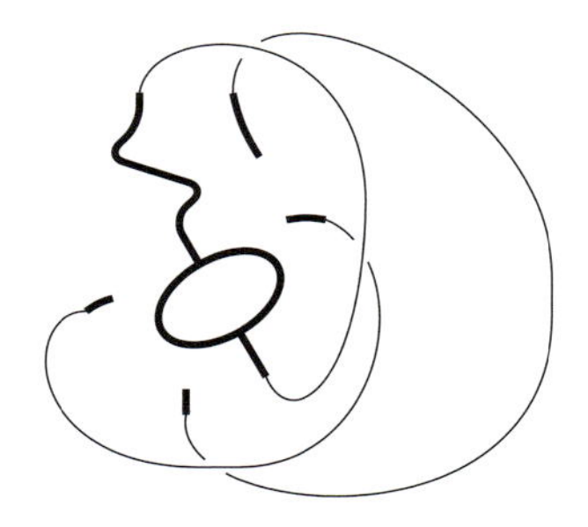

これをもう少し変形収縮して簡単にすると下のグラフが得られる．

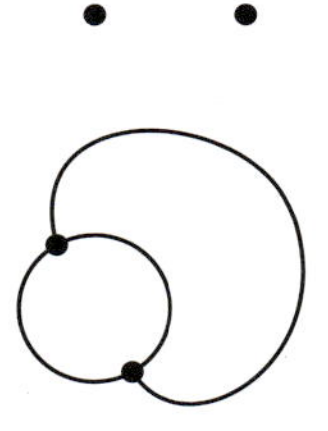

これは頂点が四つ，辺が３本あるので，オイラー数は $4-3=1$ となる．孤立している二つの頂点でオイラー数が２になる．それ以外の部分はループが二つある曲線になっている．一つながりの（連結な）曲線のオイラー数は

$$1-(\text{ループの数})$$

になる．このように，陣地を骨格につぶしてできる点やループを数えることで比較的簡単にオイラー数を計算することができる．この手法をプログラムに組んでコンピュータに計算させるのは不可能ではないだろうが，それなりに高度なプログラムが必要になりそうだ．しかし，人間には元来トポロジーを捉える能力が備わっているようで，コンピュータには難しい，骨格を捉えるというタスクを簡単にこなしてしまう．

## i. 引き分けなし

オイラー・ゲッターで，なぜ一番外側のマスと，それと中心対称の位置にあるマスとに同時に色をつけるか，つまり，なぜ射影平面を考えるかというと，射影平面のオイラー数が1であり奇数だからだ．これにより，ゲームが引き分けで終わることがなく，必ず決着がつくことが保証される．ゲームが終わり，全てのマスが赤か青に塗られたら，射影平面が赤と青の2色に塗り分けられ，赤陣地と青陣地に分かれる．各陣地とも，境界線上の頂点と辺も含むことにすると，二つの陣地で射影平面全体が覆われるので，包除原理により

$$1=e(\text{射影平面})=e(\text{赤陣地})+e(\text{青陣地})-e(\text{赤陣地}\cap\text{青陣地})$$

となる．最後の項 $e(\text{赤陣地}\cap\text{青陣地})$ が問題だが，「赤陣地∩青陣地」は両陣地の境界線だ．Hex の章（第2章）で見たようにハニカムボードを2色に塗り分けたとき，境界線は枝分かれしない．そして，マスが有限個しかないので境界線の長さは有限だ．また，射影平面が端のない曲面なので，境界線にも端がない．そうなると，境界線は互いに交わらない，いくつかのループになるしかない．ループのオイラー数は0だから，互いに交わらないループがいくつあってもオイラー数はやはり0だ．したがって，ゲーム終了時には両陣地の交わりはオイラー数が0になり

$$1=e(\text{射影平面})=e(\text{赤陣地})+e(\text{青陣地})$$

となる．つまり，両陣地のオイラー数の合計は常に1になるのだ．

**定理：オイラー・ゲッター終了時には両陣地のオイラー数の和は1になる．**

オイラー数は整数で，足し合わせると奇数の1になることから，二つのオイラー数が一致することはない．したがって，ゲームが引き分けになることはない．また，どちらかのオイラー数は正，もう一方のオイラー数は0以下になることもわかる．

ゲームの序盤は通常どちらのプレイヤーもループがなく，繋がっている部分の数だけオイラー数を持つことになる．しかし，ゲーム終盤には，離れていた部分が繋がっていき，ループが増えて，オイラー数が下がっていく．よっぽど実力差がなければ大体1対0で決着する．

## j. いろんな曲面でのオイラー・ゲッター

オイラー・ゲッターに引き分けがないためには射影平面のオイラー数が奇数であることが鍵だった．逆に，オイラー数が奇数の閉じた曲面（以後，閉曲面）（閉じた図形については第5章を参照のこと）を適当にマスに分割すれば，そこでオイラー・ゲッターを遊ぶことができる．射影平面の他にオイラー数が奇数になる閉曲面にはどんなものがあるだろうか．

閉曲面にどんなものがあるかは100年ほど前までに完全に理解された．球面やトーラスのように裏表の区別のある曲面と，クラインの壺や射影平面のように裏表の区別のない曲面は別の系列を作るので分けて考える．まず，裏表のある閉曲面は，球面かドーナツ穴を$n$個持つ（$n$は自然数）$n$重トーラスしかないことがわかっている．すべての閉曲面はトポロジー的にこれら曲面のいずれかと同じだ．

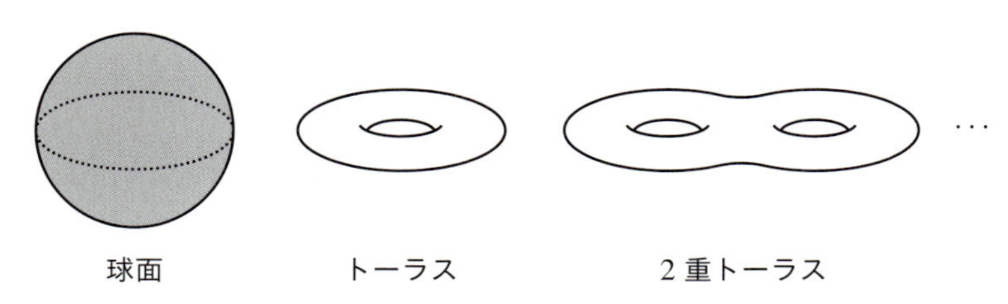


裏表のある閉曲面．

$n$ 重トーラスは $n$ 個のトーラスをくっつけて作ることができる．二つの閉曲面 $S$ と $T$ のそれぞれから円盤をくりぬいて，くりぬいてできた淵に沿って二つの曲面を貼り合わせてできる曲面を $S$ と $T$ の連結和と言い $S\#T$ と書き表す．連結和は再び閉曲面になる．トーラス $T$ を二つ持ってきて連結和をとると，できた閉曲面 $T\#T$ は 2 重トーラスになる．

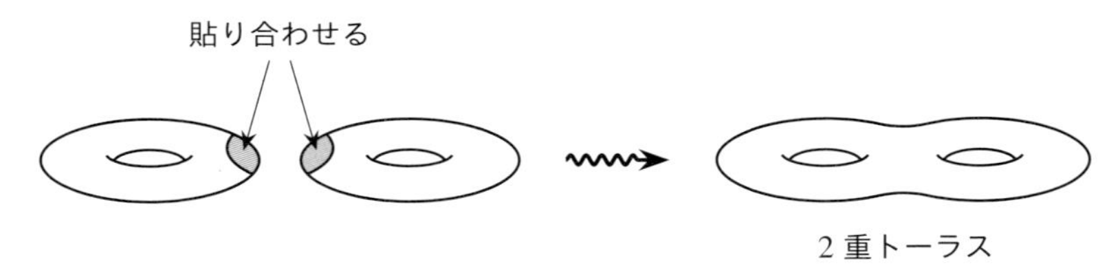


2 重トーラスとトーラスの連結和は 3 重トーラスになる．$n$ 重トーラスは $n$ 個のトーラスの連結和をとることで作られる．

オイラー数の包除原理を使うと連結和のオイラー数は

$$e(S\#T) = e(S)+e(T)-2$$

となることがわかる．この式から $n$ 重トーラスのオイラー数は $2-2n$ になることがわかる．特に偶数なので，オイラー・ゲッターを遊ぶのには適さない．オイラー数が異なればトポロジー的にも異なるので，$n$ 重トーラスは $n$ が異なれば連続変形で移りあうことはない．$n$ 重トーラスと球面も移りあわない．したがって，裏表のある閉曲面はオイラー数だけで完全に決まり，また，ドーナツ穴の数（球面の場合は 0 個とする）でも決まる．

オイラー数が奇数の曲面は裏表のない閉曲面から探さなければならない．裏表のない曲面は実は全て射影平面 $n$ 個の連結和になることがわかっている．再び包除原理から，そのオイラー数は次式で与えられる．

$$e(n\text{ 個の射影平面の連結和}) = 2-n$$

やはり，$n$ が違えばオイラー数が違うので連続変形で移り合わず，裏表のない閉曲面は何個の射影平面をくっつけてできるかで完全に決まる．クラインの壺も裏表のない閉曲面だった．オイラー数は 0 なので，2 個の射影平面の連結和になるはずだ．確かめてみよう．まず，射影平面から円盤をくりぬく．展開図上では下の絵のようになる．

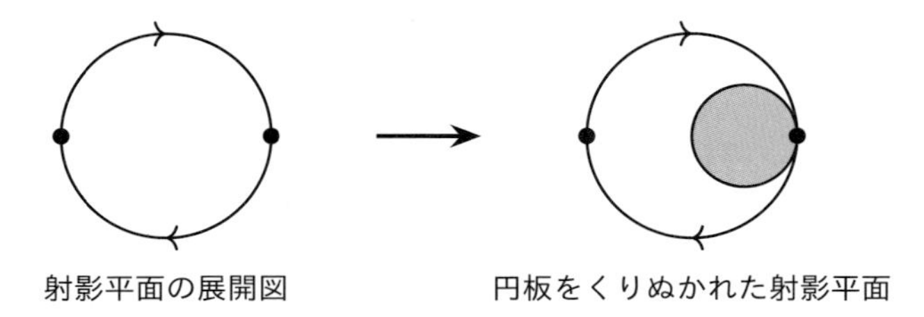


得られた図を二つ用意してくりぬかれた部分に沿って貼り合わせる．すると，クラインの壺と少し違う四角形の展開図が得られる．四角形の対角線に沿って切り，一組の辺で貼り合わせればクラインの壺と同じ展開図を得る．

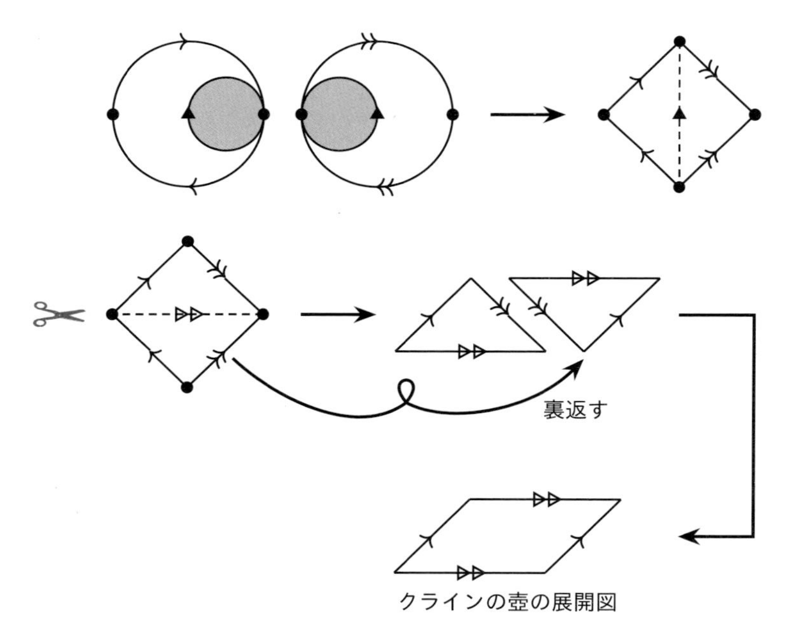


オイラー数が奇数の閉曲面を作るには奇数個の射影平面を貼り合わせればよい．一番小さいものは，1個の場合で，それは射影平面そのものである．次に小さいのは3個の場合で，オイラー数は $-1$ になる．先ほどと同じ要領で，そのような局面の展開図を求めると下図のようになる．

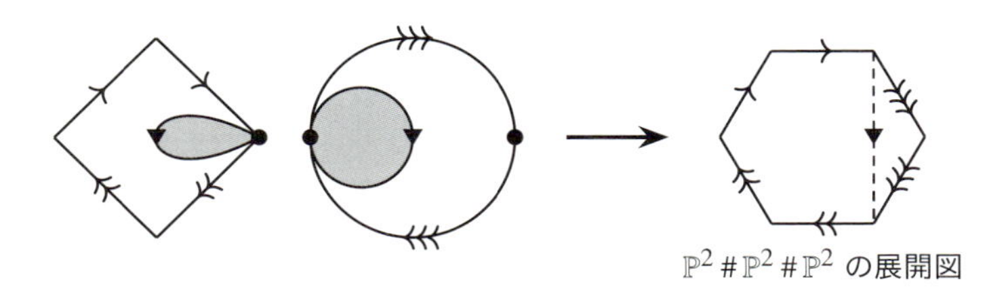


得られた展開図は6角形になるので，オイラー・ゲッターの通常のボードで端のマスを貼り合わせる方法を変えるだけでよい．この曲面でのオイラー・ゲッターも上述の筆者のウェブサイト（b節）から遊べる．「Genus 3」というのがそれだ．（閉じた曲面の genus（種数）とは，それを作るのに必要なトーラスまたは射影平面の個数 $n$ のこと．）

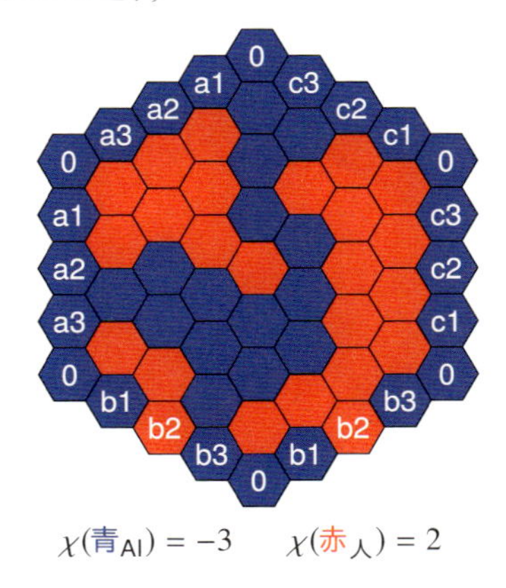


Euler Getter Genus 3

上図は，このバージョンのオイラー・ゲッターの終局図だ．端のマスには文字が書いてあり，同じ文字が書いてあるマスはくっついて同じマスになると見なされる．「0」と書いてある六角形の頂点のマスは，全てくっついて一つになる．上図では赤陣地が二つの点に変形収縮でき，オイラー数が2であることが簡単に見てとれる．包除原理から，青陣地のオイラー数は −3 となることがわかる．包除原理を用いずに，直接，青陣地のオイラー数を見るのは少し難しいが，以下のようにすればよい．まず，赤陣地の場所を移動して，六角形の中に丸が二つあるようにする．

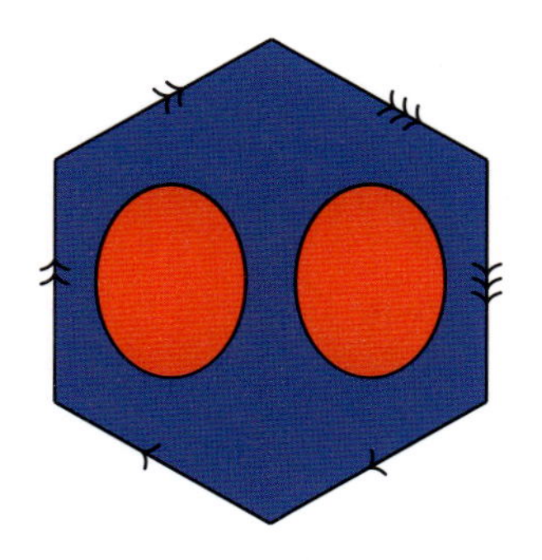

この丸を六角形の外周に向かって押し広げていくことで，貼り合わせる外周部分をそのままに保ちながら青陣地を1次元のグラフに変形収縮できる．

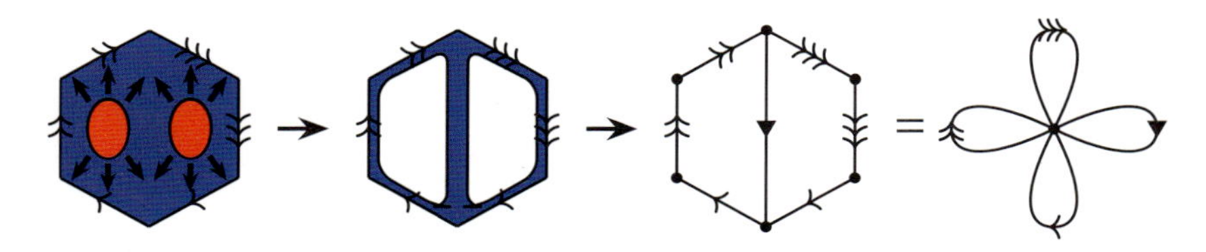

こうして得られたグラフは頂点を一つで辺を4本持っているのでオイラー数は $-3$ である．

このバージョンのオイラー・ゲッターでは，オイラー数の計算が射影平面のときよりも少し難しくなる場合がでてくるようで，これで遊んでいるうちにトポロジー力を鍛えることができるだろう．

### 「あとがき」的なコラム：オイラー・ゲッターとアウトリーチ

筆者がオイラー・ゲッターを思いついたのは，自身の研究から来る部分が大きい．オイラー・ゲッターの元ネタになっているHexの考案者の一人ナッシュは複数の分野に大きな貢献をしているが，筆者の専門分野である代数多様体の特異点の研究でも重要な仕事をしている．筆者が大学院生のときに，ナッシュの伝記『ビューティフル・マインド』が映画化されアカデミー賞を受賞した．映画の方は正直あまり面白いと思わなかったが，原作は一人の数学者の生きざまが丁寧に描かれていてとても面白かった．

あるときHexを紹介する記事を眺めていて思った．ただ「辺を繋ぐ」だけでなく，もう少し高度なトポロジーの要素を含んだゲームができないだろうかと．モチーフ測度という，測度としてのオイラー数を究極まで突き詰めた理論を研究で使っていたので，自然とオイラー数をとり合うゲームを作ることを思いついた．あとはゲームの舞台として，オイラー数が奇数である必要があるので射影平面を使うことがすぐに決まりゲームが出来上がった．

最近，研究者はアウトリーチ活動を盛んに促されている．税金を使って研究させてもらっているので，研究内容や成果を専門家以外にもわかるような形で公開しないといけないというわけだ．とはいっても，最先端の数学を数学者でない一般の人にわかるように説明するのは非常に難しい．専門分野が少し違う数学者に説明するのですら難しいのだから．しかし，オイラー・ゲッターは，ほんの一部ではあるものの現代の数学に登場するアイデアを多くの人に目に見える形で紹介する良い題材が出来たと思う．これまでに何度か，オープンキャンパスや公開講座などの機会に，このゲームとその背後の数学を紹介してきた．

一般の人にも紹介できるといっても，数分で理解するのは難しいようで，「もっとわかりやすい説明はないか」という声や，「数学者以外には絶対に理解できない」という批評もいただいた．しかし，どうだろうか．数分では無理でも，数時間もあれば多くの人に理解してもらえるように思う．実際，筆者が以前に所属していた鹿児島大学で，高校を出たばかりの1年生向けのセミナーで，オイラー・ゲッターを題材にして，数時間，トポロジー，射影平面やオイラー数などの背後にある数学を学んだあと，皆ゲームを遊べるようになっていた．本書が，ゲームという切り口から，できるだけ多くの人に数学のアイデアを紹介する助けになることを願っている．

# 謝辞


共立出版の大越隆道さんには，オイラー・ゲッター関連本の執筆の提案に始まり，様々な相談に乗っていただいたり，筆者の雑なスケッチを綺麗な図に書き起こしていただくなど，本書完成までに多くのサポートをしていただきました．ここに，お礼申し上げます．

ゲーム画像の掲載を許可いただいたSet Enterprises, Inc（SETの画像），ジェフ・ウェークスさん（トーラス・ゲームズとCurved Spacesの画像）に感謝します．

オイラー・ゲッター考案時に私が在籍していた鹿児島大学の当時の同僚や学生には，アイデアを聞いてくれたり，ゲームを一緒に遊んでくれたりしたことに感謝します．また，当時オイラー・ゲッターで遊び，ゲームへの意見をくれたり，いろいろな戦略を考えたり，ゲームのプログラムを書いたりしてくれた全国の（当時，主に大学院生やポスドクだった）数学関係者にも感謝します．特に三内顕義さん，橋本健治さん，三浦真人さんからは多くの意見をいただきました．

本書で紹介したSETとライツアウトはそれぞれ筆者が大阪大学に務めていたときに同僚だった大川新之介さんと学生の森啓太郎さんに教えてもらいました．お二人にお礼申し上げます．

最後に，家族の幸子，一聡，開に，日々の生活に活力を与えてくれること，たまに一緒にゲーム（本書に登場する物もしない物も）で遊んでくれたことに，この場を借りて感謝します．

# 参考文献

本書の執筆において，下記書籍，論文を参考にした．

**書籍：**


- Morris Kline, *Mathematical Thought from Ancient to Modern Times*, Oxford University Press, 1972.
- Israel Kleiner, *A History of Abstract Algebra*, Birkhäuser, 2007.
- Elwyn R. Berlekamp, John H. Conway and Richard K. Guy, *Winning Ways for Your Mathematical Plays*, Academic Press, 1982.
- シルヴィア・ナサー，塩川 優（訳），『ビューティフル・マインド』，新潮社，2002.
- H. W. クーン（編），S. ナサー（編），落合卓四郎（訳），松島 斉（訳），『ナッシュは何を見たか―純粋数学とゲーム理論』，シュプリンガー・フェアラーク東京，2005.
- Liz McMahon, Gary Gordon, Hannah Gordon and Rebecca Gordon, *The Joy of SET: The Many Mathematical Dimensions of a Seemingly Simple Card Game*, Princeton University Press, 2016.
- デビッド・S. リッチェソン，根上生也（訳），『世界で二番目に美しい数式（上・下）』，岩波書店，2014.
- 前原 潤，『直観トポロジー』，共立出版，1993.
- ゲイドマン，サビトフ，スミルノフ，蟹江幸博（訳），『モスクワの数学ひろば 2―幾何篇／面積・体積・トポロジー』，海鳴社，2007.
- Cameron Browne, *Connection Games – A Variations on a Theme*, A K Peters, 2005.


**論文：**


- David Gale, Topological games at Princeton, a mathematical memoir. *Games*

*And Economic Behavior*, 66 (2), 647-656, 2009.
- Marlow Anderson and Todd Feil, Turning Lights Out with Linear Algebra, *Mathematics Magazine*, 71 (4), 300-303, 1998.

本書で扱った理論，概念についてさらに知りたい読者には，一般向け解説書や比較的平易に書かれている教科書として，上述の書籍に加え以下のものを挙げておく．

**トポロジー・多様体・オイラー数：**

- 川久保勝夫，『トポロジーの発想―○と△を同じと見ると何が見えるか』，講談社ブルーバックス，1995.
- 松本幸夫，『トポロジーへの誘い―多様体と次元をめぐって』，遊星社，2008.
- 阿原一志，『計算で身につくトポロジー』，共立出版，2013.

**体・有限体：**

- 飯高 茂，『体論，これはおもしろい―方程式と体の理論』(数学のかんどころ 18)，共立出版，2013.

**線形代数：**

- 小島寛之，『ゼロから学ぶ線形代数』，講談社，2002.

**射影平面：**

- 西山 亨，『射影幾何学の考え方』(数学のかんどころ 19)，共立出版，2013.
- 郡 敏昭，『射影平面の幾何学』，遊星社，1988.

# 索引

■な



■は



■ま



■や



■ら



■わ

**【著者紹介】**

**安田　健彦**（やすだ　たけひこ）

2004 年　東京大学大学院数理科学研究科博士課程修了
　　　　鹿児島大学准教授，大阪大学准教授を経て
現　在　東北大学大学院理学研究科数学専攻 教授
　　　　博士（数理科学）
専　門　代数幾何学

ゲームで大学数学入門
—スプラウトからオイラー・ゲッターまで—
*A Glimpse into University Math Through Games*

2018 年 12 月 25 日　初版 1 刷発行

検印廃止
NDC 410, 414, 798

ISBN 978-4-320-11344-2

著　者　安田健彦　© 2018
発行者　南條光章
発行所　**共立出版株式会社**
〒112-0006
東京都文京区小日向 4-6-19
電話番号　03-3947-2511（代表）
振替口座　00110-2-57035
www.kyoritsu-pub.co.jp

印　刷　精興社
製　本　ブロケード

一般社団法人
自然科学書協会
会員

Printed in Japan